Naef · Die Rechenmachers

Adrian Naef

Die Rechenmachers

Roman

Isele

Umschlag: Thomas Design, Freiburg
ISBN 3-86142-382-0
www.edition-isele.de

Inhalt

für meine Enkel Noé und Gil

Der Kaput

Mein Grossvater war ein strenger, zu Jähzorn neigender Viehzüchter, Bauer und Rechenmacher. Ein vergilbtes Foto zeigt ihn in jüngeren Jahren als untersetzten, sehnigen Mann mit kahlrasiertem Schädel und einem Schnäuzchen, wie es erst später in Verruf kam. Er lehnt an einer Kuh und blickt mit stechendem Blick in die Kamera. Das kann daher kommen, dass man damals noch den Atem anhalten musste beim Fotografiertwerden. Aber es deckt sich mit meiner Erinnerung: Mit ihm war nicht zu spassen.

Er arbeitete fast unerträglich langsam, aber genau und war bis zu seinen letzten Tage kaum einmal nach fünf Uhr morgens aufgestanden. Rechenmacher nannte man ihn in Badersdorf und uns die Rechenmachers, weil seit fünfhundert Jahren mehrere Familien unseres Namens stets über den Miststock geheiratet hatten und anders als durch Übernamen nicht mehr hätten voneinander unterschieden werden können. Es gab die Vorsingers, die Präsidenten, die Dreiärmelschneiders und andere mehr – Dreiärmelschneider übrigens, weil dieser Bauernschneider einmal im Suff drei Ärmel an ein Jackett genäht haben soll, und Rechenmacher, weil ein Bauer in dieser sumpfigen Nebelsenke ohne Nebenerwerb kaum ein Auskommen fand.

Grossvater betrieb also eine kleine Werkstatt hinter der Scheune, in der er Gabeln, Rechen und Leitern verfertigte, die im Dorf gerühmt wurden, weil sie leicht und biegsam waren. Das Beste aber war: Er baute exklusiv für uns Enkel die schnellsten Schlitten weit herum, mit denen wir Rechenmacherkinder jedes Schlittelrennen mit Leichtigkeit gewannen, vor allem auf hartem Schnee und

Eis, weil er jene schmalen Kufen anbrachte, die man sonst nur für Schlittschuhe verwendete. Für die Bögen an den Schlitten und Gabeln nahm er Eschenholz, das er in einer Eisenröhre über dem Feuer kochte, bevor er es in spezielle Formen spannte, die er in grösserer Zahl an der Wand der Werkstatt hängen hatte.

Wenn in einer Generationenfolge eine Gabel auf einen Rechen folgt, wie man bei uns sagt, dann war Grossvater ein Rechen, das heisst, einer, der zusammenträgt und aufbaut und das Übernommene nicht verzettet; er war einer, der rechnet und streitet für das Wohl seiner Sippe. Für ein vages Wegrecht durch das Feld eines Grossbauern – wir waren vielleicht dreimal in zwei Jahrzehnten über seine Wiese gegangen – konnte er Prozesse führen, die er allesamt gewann. Er war nicht eben beliebt, aber was heisst das schon.

Wenn man Liebe beweisen soll, so war er ein Liebender auf seine Weise, es ging jedenfalls stetig aufwärts mit den Rechenmachers; in den Kriegsjahren – die für den »Nährstand«, wie man sagte, hierzulande keine schlechten waren – und auch danach, als ich bald geboren wurde, mit vier Jahren Abstand letzter von drei Buben. Da und dort wurde ein neues Fenster eingesetzt, eine Pumpe angeschafft, wo früher geschöpft werden musste, oder ein Waschofen hingestellt statt des Kupferkessels und so weiter. Das zählte! Und das wusste jeder, wenn man auch gelegentlich, von einem Holzschuh knapp verfehlt, ins Freie rennen musste, wenn der Alte wieder mal tobte wegen einer Nichtigkeit. Ein falsch herum aufgehängter Stechbeutel in seiner Werkstatt, in der man als Kind, kaum dass man stehen konnte, schon Hand reichen musste, konnte ihn augenblicklich auf die Palme bringen. Oder schlecht gekämmte Rinder kurz vor der Prämierung im Bezirkshauptort, wo zweimal im Jahr der Viehmarkt stattfand und bunte Blechplaketten zu gewinnen waren, die er über die Stalltür nagelte.

Grossvater war also nicht gerade einer, von dem man erwarten würde, dass er Verständnis für Landstreicher und Vaganten hätte, die den Tag unter einer Weide verschlafen, in einen Mantel gehüllt, den Hut im Gesicht.

Aber so war es.

Vaganten gehörten damals zum Dorfbild, so wie freilaufende Ziegen und Schweine zum Stadtbild des Mittelalters gehört hatten. Als ein Brandstifter, ein Tagelöhner aus dem Toggenburg, ein Bauernhaus nach dem andern abfackelte und schon bald ein Drittel der Badersdorfer Höfe geschafft hatte, lief mein Grossvater mit der Flinte ums Haus, kaum dass sich ein Huhn gerührt hatte. Und er hätte ihn erschossen, diesen Lumpen, daran war kein Zweifel.

Aber jedes Mal, wenn ein Vagant die Abkürzung zum Hof herunterkam, ergriff ihn die bare Hilflosigkeit. Eine Aufregung machte sich in ihm breit, die man von ihm nicht kannte. Flink wie ein Wiesel lief er mit einer leeren Flasche in den Keller, um Bätziwasser abzufüllen, unseren geläufigen Obstlerschnaps. Denn dass die Gestalt im schweren grünen Mantel darum fragen würde, war so sicher wie das Amen in der Kirche. Aber ebenso klar war dem Landstreicher, dass er Geschichten erzählen musste, wenn er an das klare Wasser herankommen wollte: Geschichten vom Zirkus, von der Rheinschifffahrt, vom Gefängnis, von Afrika. Wir Kinder sassen dann mit offenen Mündern auf der Treppe zur Mostpresse, wobei er hinter und vor dem schwingenden Tor vormachte, wie er damals aus der Deckung gesprungen, die Granate geworfen und mit einer Rolle hinter den Felsen den Zweiten erledigt hatte. In regelmässigen Abständen musste Grossvater Schnaps nachgiessen, und zwar in ein gerilltes Mostglas, das der Held in grossen Schlucken leerte. Grossvater hörte nicht zu. Er kam immer nur schweigend mit der Flasche aus der Werkstatt, und als es eindunkelte und die Flasche halb leer war, wollte Grossvater das Rauchzeug und die Zündhölzer haben und liess den Vaganten mit dem Rest der Flasche auf den Heustock kriechen, aus dem dieser erst anderntags gegen Mittag wieder herunterkam, Strohhalme im Bart.

Irgendwo auf dem Weg zu unserem Hof musste ein Räuberzinggen Schnaps und Heustock versprechen, denn kaum war einer fort mit einem Laib Brot unter dem Arm, kam schon der nächste Mantelmann den Weg herunter mit noch haarsträubenderen Abenteuern.

Landstreicher, Hausierer und Kesselflicker gehörten überall noch bis weit über die Nachkriegszeit hinaus zum Dorfbild, auch wenn sich, wie in Badersdorf, längst ein Ring von nüchternen Gewerbebauten und Einfamilienhäusern um den alten Dorfkern gebildet hatte.

Was die Landstreicher betraf, die fast durchwegs Alkoholiker, das heisst Schnapstrinker waren, so tauchten sie auffällig häufig nach einem weiteren jährlich die Monotonie des Dorflebens durchbrechenden Ereignis auf: der mobilen Schnapsbrennerei, der »Schnapsi«, wie sie genannt wurde. Die Schnapsi war ein einer Lokomotive ähnlicher Wagen, der von einem Traktor Ende Herbst von Hof zu Hof gezogen wurde und einen Tag lang auf dem Hausplatz aufgebockt wurde. In grossen Holzfässern wurde bereits über Wochen der Trester, die Pressreste der Mosterei, gesammelt: der mindere Most, die minderen Spaliertrauben, die man Katzenseicher nannte, und die letzten Mostbirnen, alles, was durch Gärung Alkohol zu werden versprach. In einem Kupferkessel wurde der Sud erhitzt, der Alkohol verdampft, abgekühlt und in einem kleineren Kessel als Rinnsal aufgefangen. Wahlweise konnten Netze mit Kräutern in den Kessel gelegt werden, in welchem ein Messröhrchen schwamm und die Prozente anzeigte. Der Vorlauf, der erste ungeniessbare Alkohol, wurde abgefangen und kam im Stall zum Einreiben der Kühe zur Verwendung. Der Schnaps von guter Qualität wurde in Korbflaschen abgefüllt und kam in den Keller, wobei man je nach Anzahl Kühe der eidgenössischen Alkoholverwaltung den Grossteil abzuliefern hatte.

Ich pumpte von Hand mehr Badersdorfer Schnaps in Eisenbahnwagen, als die Alkoholiker des Kantons in einem Jahr austrinken konnten. Die beiden zurückbehaltenen Korbflaschen reichten, zusammen mit der heimlich abgezweigten dritten im hinteren Keller, bequem übers Jahr für den Eigenbedarf, wie es hiess, und eben – für die Landstreicher, die, kaum dass die Schnapsi weitergezogen war, zufällig am Hoftor auftauchten. Genau genommen zogen sie der Schnapslokomotive von Dorf zu Dorf nach, von Hof zu Hof, wie die Brämen dem Pferd, aufgehalten nur durch ihr Ausschlafen in Heustöcken oder Remisen. Die Spur der Schnapsi war auch kaum zu verfehlen, denn am Brenntag roch es weit über die Höfe hinaus nach nichts anderem als Schnaps, so wie es noch Tage nach dem Einfahren des Emdes nach Heublumen roch.

Ich sehe sie über den Hausplatz herankommen, die staubigen Gestalten in den langen grünen Mänteln, welche man Kaput nannte. Armeemäntel mit Messingknöpfen, wie sie in jedem Stall herumhingen, weil sie jeder Wehrmann nach dem Militärdienst behalten konnte. Auch das Gewehr kostete nur ein paar Batzen, was im Ausland niemand versteht. Schon gar nicht, was ein Mannsputzzeug sein soll, das jeder ausgemusterte Soldat, allein schon wegen der praktischen Federkielbürste, für den weiteren »inneren Dienst am Mann«, wie es hiess, mit sich nach Hause nahm. Mit einem Gewehr hätte man allerdings keinen vagabundieren lassen, aber alles andere, auch die zwei Paar Schuhe, mit und ohne Trigunninägel, die Hemden und die Mützen aus dem unverwüstlichen grünen Filz kleideten den halben Bauernstand und erst recht die Hungerleider auf dem Land.

Auf jedem Miststock, an den Sägen, am Fischgrund, auf der Jagd oder am Strassenrand auf die Besen gestützt waren die Gamaschen, die Tschopen und grünen Hosenträger anzutreffen – eine friedliche, verdatterte Truppe beim Putzen und Pflastern, wenn sie nicht gerade ihre Bahnhofsstumpen für 10 Cts. wieder in Gang zu bringen versuchten, was alle drei Minuten der Fall war. Die Landstreicher kauten denn die billigen Stumpen auch lieber, als dass sie sie rauchten; beim Sprechen wippten sie in den Mundwinkeln, etwa wenn man diese Werksoldaten nach dem Weg fragte, den sie stets kannten. Weit herumzureisen kam nicht in Frage, es sei denn eine Dummheit oder Not habe sie einst in die Fremdenlegion gezwungen, was allerdings bei jedem zweiten Vaganten der Fall war, wie ihre Geschichten unzweifelhaft belegten. Und als auch ihre Arbeitgeber gezwungen wurden, ihnen Ferien zu gewähren, halfen die rastlosen Stumpenkäuer beim Nachbarn aus oder strichen einem Patron die Veranda für einen Kasten vergorenen Mosts.

Die Vaganten kannten jede Scheune im Bezirk – sie kannten Unterhasli und Sidi-bel-Abbès, Algier und auch die Abkürzung nach Dotlikon. Einer, ein Glarner, war vom Schiff nach Indochina in den Suezkanal gesprungen und kam über Syrien zurück nach Badersdorf, weil unsere Magd, die siebzehnjährige Tirolerin, von ihm schwanger war. Er hiess Fridolin, war gelernter Küfer und konnte unseren Miststock zöpfeln, als wäre es das Haar seiner stets vor ihrem Herrgottswinkel weinenden Herta. Denn die Sünde war allgegenwärtig auf den Höfen, wo man

Schulter an Schulter lebte. Als ihr Bursch zurückkam, weinte sie weniger, aber der Bursch blieb nicht lange. Eines Morgens war er wieder weg, die Gabel stak im Mist, der Kaput hing daran, wie die Fahne über Sidi-bel-Abbès, und Herta weinte wieder. So begannen Vagantenleben… Wie sie endeten, konnte ich sehen, wenn Vater dem alten Knecht Gottfried im Asyl Weidenruten zum Flechten und den Beistandsbatzen brachte. Er war sein Leben lang auf unserem Hof gewesen und hatte nie etwas anderes getragen als die grünen Hemden, den Kaput und die beiden Paar Schuhklötze mit und ohne Trigunninägel.

Nichts anderes als die Zeit hat sie besiegt, diese friedliche Armee im Kaput. Ich gehörte noch zu den letzten, die lernen mussten, den Kaput vorschriftsgemäss und kunstgerecht zu rollen, damit er auf dem Rucksack in die Riemen passte. Jeder konnte es damals, denn früher wollte noch jeder für diensttauglich gelten.

Hätte Grossvater später die Rekruten auf den Bahnhöfen noch erlebt, dann hätte ihn der Schlag getroffen, so wie sie daherkamen – jeder gerade so, wie er wollte. Ist das eine Art, den Mantel der Länge nach einfach durch die Klappe des Rucksacks zu wursteln, dass er auf beiden Seiten herabhängt wie ein schlapper Teppich? Aber das passt ja, dass jeder meint, er müsse dem Leben seine eigenen Vorschriften machen. Und so sehen sie auch aus, diese neuen Tenues: mehr Glacéverkäufer als Soldat. Früher gab es nur Dienen und noch einmal Dienen. Und keiner musste zum Psychiater, weil er Angst hatte, eine Nacht allein im Wald Wache zu stehen, geschweige denn im Unterholz zu schlafen, wie die Vaganten das locker hinkriegten.

So schlampig angezogen kamen sie auch aus Stalingrad zurück, wie das Bild im *Unterländer* zeigte, kaum, dass es vorbei war, das zweite Mal: jeder gerade so, wie er daherkam. – Aber hoppla, die hatten sich wacker geschlagen, diese Schwaben, das muss man ihnen lassen, und die hatten den Kaput an, weiss Gott, und Lumpen um die Schuhe bei der Kälte.

Der Berner, der Hädu, war in Stalingrad gewesen, weil er Melker bei Stuttgart unten war und eingezogen wurde, weiss Gott, warum. Piff und Paff und Ratatata, Haus um Haus. Die machen Schnaps aus Kartoffeln, pfui Teufel! Aber der wärmt, sagte Hädu. Alle saufen sie dort in Stalingrad, schon am Morgen. Gib mir noch einen, Johann, denn Johannes hiess der Grossvater, aber nur bei den Vaganten im Kaput – und er war auch Dragoner gewesen.

Auf Tennböden, Kammerböden und Estrichböden wurde der Kaput gerollt, gedrückt, geschlagen, Kampferwolken entlassend, zu zweit, zu dritt darauf kniend, stets mit Kommentar und wippendem Stumpen: wie z.B. noch vor dem Aktivdienst, also den Kriegsjahren, die Ärmel eingelegt werden mussten und wie doch der neue Stoff keinen Deut mehr Wert sei und vor allem beim Rollen aus der Fasson rutsche. Ich sah Grossvater, Vater, Onkel und die älteren Brüder stets auf dem Boden auf der Rolle knien und in abgehackten Sätzen, weil das satte Rollen grösste Anstrengung erforderte, sich innerlich auf den Dienst vorbereiten.

Der Mantel sprang dann auch auf, wie ein Fallschirm aufspringt, wenn der Druck nachliess, was stets ein Fluchen auslöste, falls es unabsichtlich geschah. Denn dieser gerollte Kaput war ein nationales Kunstwerk des Faltwesens, das einzige, bei dem man sich Zeit lassen durfte, ja, musste in den Kasernen, und dessen Faltkniffe mit Merkversen verewigt wurden, die jeder im Schlaf aufsagen konnte, wie die Stöck-Wis-Stich-Verse beim Jassen, den Spruch beim Entsichern einer Handgranate und die erste Strophe der Landeshymne.

Kein Landstreicher zog ohne Kaput herum, welcher Bettdecke, Tischtuch, Tarnplane und Tragbeutel in einem war, wenn man ein paar Kartoffeln bekam oder drei alte Brote. Und auch nicht ohne die gemeine Soldatenmütze, die man auf siebenerlei Art tragen konnte: mit Dächlein nach vorn, mit Dächlein nach hinten, ohne Dächlein, ausgezogen über Kopf und Hals mit Dächlein im Winter bei Schneetreiben und ausgezogen über Kopf und Hals ohne Dächlein im Winter bei klarem Wetter, dann sechstens quer auf dem Hinterkopf wie Napoleon am Kompanieabend – und: ganz ohne, denn wer damals das Tor einer Kaserne durchschritt, ging fortan im ständigen Bewusstsein, eigentlich eine Mütze tragen zu sollen.

Wir Rekruten sahen aus wie verschnürte Weihnachtspakete, wenn wir zur Verlegung auf die Lastwagen kletterten, die uns in die hintersten Winkel des Landes verfrachten sollten. Denn mit den verschiedenen Tenues war es keineswegs getan, wir hatten sie auch je nach Tageszeit und Aufgabe in Windeseile zu wechseln; vom mehrmaligen Strafumziehen einmal zu schweigen, wenn wieder einer eine Sekunde zu spät auf dem Exerzierplatz erschien. Tenue Grün, Tenue Blau, Tenue Grau, Tenue Ausgang und leichtes Tenue Ausgang waren nicht nur Uniformen, sondern gehörten zum Disziplinierungsapparat der Ausbildung zum Mann.

Das Umziehen im Kantonement, in dem fünfzig Zentimeter breiten Gänglein zwischen den Betten, die Stoppuhr des Leutnants im Kopf, wäre noch gegangen, hingegen die Riemen, vor allem die des Tenue Blau oder Grün, waren die reinste Gemeinheit. – Man bedenke, dass an einem solchen Kampftenue nebst dem stets unverzichtbaren Bajonett und den Patronentaschen noch ein Gassack, ein Brotsack und ein Spaten zu baumeln hatten, alles an einem gut durchdachten Riemensystem befestigt, das von oben durch ein »Rössligschirr«, ein zweites leichtes, verstellbares mit Löchern, Druckknöpfen und Haken bereichertes dünneres Riemensystem, welches über die Schultern lief, nachgezogen wurde, wobei beim Umziehen jedes Mal die Schuhe mit Gamaschen auszuziehen waren, was zweimal zwölf Haken und insgesamt acht Schnallen mit Schlaufen bedeutete. Unser Milizwesen war nicht nur eine militärische Ausbildung, sondern das flächendeckende Vermitteln des unverwechselbaren, nur noch wenigen bekannten Gefühls eines »geknebelten Seins«, dank eines Tenue-, Riemen- und Rucksacksystems, dessen Einübung – ich weiss, was ich hier sage – mehr Ausbildungszeit in Anspruch nahm als das simple Bedienen der Waffe oder das Verhalten im Feld.

Ich behaupte, dass gewisse Truppengattungen unseres Landes damals im Umziehen und Verschlaufen weltweit ungeschlagen an der Spitze lagen, während sie im so genannten »Ernstfall« im Feld in den erstbesten Hinterhalt gelaufen wären.

Jenes durch Riemen zusammengehaltene Sein konnte man logischerweise nur durch Fallen verlieren, wie es bis zur Einführung des lockeren Kampfsacks bezeichnenderweise hiess. Ganz recht, von einer Kugel getroffen, musste ein Soldat alter Prägung fallen, wie ein Pfosten umfällt, nach hinten oder nach vorn. Das einzige, was nachgeben konnte, waren die Knie, die dem Fallen allenfalls noch eine gewisse menschliche Note verleihen konnten. Verwackelte Filmaufzeichnungen aus dem Ersten Weltkrieg zeigen es eindeutig: Das Fallen ist vielmehr ein aufgebendes Stolpern, wenn es nicht sogar den Eindruck einer Erlösung erweckt.

Uns umziehen in Rekordzeit, das konnten wir, ebenso das Gewehr auseinandernehmen und wieder zusammensetzen bei Tag, bei Nacht, unter Wasser, mit oder ohne

Gasmaske, im Gras, im Schnee, zu Hunderten in Turnhallen, unter Vordächern und Unterständen, was bei den dreissig Bestandteilen der »grossen Zerlegung« und den zwanzig Teilen des Putz-Etuis multipliziert mit hundert Mann immerhin ein Durcheinander von fünftausend Schrauben, Magazinen und Stiften ergibt. Von dem stets in Sekundenschnelle über Meter davonrollenden Bolzenfederchen gar nicht gesprochen! Innerhalb weniger Minuten, stets vor der Essenszeit oder dem Ausgang, war die Halle leer, wie eine Halle nur leer sein kann, wenn man fünf Minuten vorher noch ein Durcheinander von hundert Mann und fünftausend Bestandteilen gesehen hat. – Einzig ein paar verklebte Putzlappen und jede Menge Zigarettenstummel lagen noch herum – damals rauchte man noch, und wenn nicht, dann lernte man es spätestens dort. Selbst mit Rauchen und Palavern – und auch bei ausgeschaltetem Licht – wäre die Halle innerhalb von drei Minuten leer gewesen, wenn einer »Verlängerter Ausgang« gebrüllt hätte, weil unsere Batterie gut geschossen hatte, was stets hiess, die Wirtschaften im grösseren Dorf oder Städtchen frequentieren zu dürfen, wo es vielleicht sogar jene Damen gab, vor denen uns das strenge Dienstbüchlein so verheissungsvoll warnte.

Ich war nicht der einzige, der damals der Meinung war, dass mit einer Armee von hervorragenden Umziehern und Gewehrauseinandernehmern kein ernsthafter Angreifer zu beeindrucken sei, welcher auf den Manöverplänen stets rot eingetragen war und vom Bodensee herkam. – Ich war, dem Zeitgeist entsprechend, ohnehin dagegen, dass sich Armeen beeindruckten, auch wenn das mein Divisionsrichter später ganz anders sehen wollte. Aber darum ging es nicht. Das war jedem Bauern, zum Beispiel meinem Grossvater, klar, der sein Leben lang auf alles schoss, ausser Krähen, was sich in seinen geliebten Hochstämmern ungefragt niederliess, ohne sein Gewehr auch nur einmal auseinanderzunehmen, geschweige denn zu putzen – ausgerechnet er! Das Pulver schmierts, die Luft putzts, sagte auch der Bergler, der Wilderer, der die Armeehütten, die wir als Schiessbeobachtungsunterstände benutzten, mit jenen bundeseigenen Konservenbüchsen versorgte, die wir Soldaten mit Namen zu belegen lernten, die ich hier lieber nicht nennen will.

Sinn und Zweck dieser Armee dahingestellt, es ging insgeheim darum, jeden Schweizer mit jedem Schweizer – welcher Sprache auch immer – durch Umzieh- und Verschnürungsrituale zu verbinden und zu verbrüdern, damit er auf ewig den Blick durch einen ins Licht gehaltenen, gerillten, gleissenden Gewehrlauf auf der Suche nach einem Staubkörnchen »acht Uhr vorderer Teil« sein Leben lang nicht wieder vergessen würde. Es war – nicht übertrieben, man schaue einmal durch einen frisch geputzten Lauf! – der Blick aufs strahlende Jenseits, mochten dort Engel fliegen oder nicht. Am anderen Ende dieser Wendeltreppe ins Licht war es: Wer es einmal gesehen hatte, den Lauf in der einen, den Putzstock gesenkt in der anderen Hand und ergeben auf das Urteil des Höheren wartend, war einer der Wissenden geworden. Adepten aller Landesteile und aller Schichten kannten es. Vater kannte es, Grossvater kannte es, mir wurde es bekannt gemacht, jeder Schweizer Mann musste es kennen. Daran führte kein Weg vorbei, hätte er auch schnurstracks in die heroische Vernichtung geführt. – Und dazu wäre es mit Sicherheit gekommen in den letzten beiden Kriegen.

Wie immer – ein Badersdorfer Bauernbub, wie ich einer war, wollte auf jeden Falll dabeisein und erfahren, was er am Tischeck der Stammtische längst gehört hatte und was der Duft der ewigen Mottenkugeln in den bemalten Bauernschränken verhiess: die olfaktorische Skala, angefangen beim Bunkermief, über die vom Urin zerfressenen Latrinen, die Vierfruchtkonfitüre, den wässerigen Kakao bis hin zu den ausgedörrten Soldatenstuben und Jahrzehnte nicht mehr gelüfteten Wolldecken mit dem Aufdruck: »Fussende«. Wie eine weiss angelaufene Armeeschokolade mit Gewehrfett unter den Fingernägeln riecht oder schmeckt, kennt man einfach, oder man kennt es nicht. Den Blick ins Licht durch einen frisch durchstossenen Lauf hat man getan oder nicht. Und welcher Wehrmann kannte es nicht, morgens um vier in der Schlafkoje eines Wachlokals durch einen Tritt an die Schuhe, die man stets anbehalten musste, geweckt zu werden.

Grossvater kannte es, Vater kannte es, meine Onkel und Brüder kannten es, und auch mir wurde es bekannt gemacht. Die ganzen vier Jahre lang an der Grenze, im Jura vierzehnachtzehn, die Grossvater bis auf den letzten Tag abdiente, gab es nichts anderes als Wolldecken, Schnaps, Zigaretten, Zwieback und die Soldatenstube.

Und den Kaput.

Und wer es trug, dieses Grün, wer auf dem Weg herunterkam zu seinem Hof, gar noch die Mütze korrekt nach dem Wetter gefaltet, der konnte von Grossvater haben, was er wollte. Wenn er ihm nur nicht den Heustock anzündete im Suff.

*

Fasnacht

Sich Grossvater in der Küche beim Backen vorzustellen, war so abwegig wie Grossmutter in der Wirtschaft zum Rebstock beim Vergorenen.

Später, als sie in Gefahr kamen, sollten es stets bloss »KFBs« gewesen sein: »kleinbäuerliche Familienbetriebe«. Kleinbäuerlicher Familienbetrieb hiess, einfach alles anzupflanzen und aufzuziehen, was auch nur ein wenig Einkommen versprach, und jeden zur Arbeit heranzuziehen, der gerade eine Hand frei hatte. Und dort, wo seine Arbeit am einträglichsten war, war sein Platz.

Grossvater rentierte am meisten in der Werkstatt und Grossmutter am Herd. Mutter und Magd hatten Küche, Kinder, das Federvieh und den Garten zu besorgen, Vater und Knecht den Stall, das Feld und die Maschinen. Uns Kindern und den bei Gewitter oder dem Dreschen zugesprungenen Onkeln und Tanten war der Rest übergeben. Höhere und niedere Arbeit gab es nicht. Ob Frauen oder Männer das Heft in der Hand hatten, war von Hof zu Hof verschieden, und jeder wusste darum. Fiel einer aus, dachte niemand an Ersatz, jeder hatte immer noch einen kleinen Finger frei auf einem KFB.

Überforderung war ein unbekanntes Wort, jeder war überfordert, auch wenn er abends nach dem Melken eine Stunde lang auf der Bank neben der Treppe sass, wie es die Lieder besingen. Ein Lindenbaum war da auch nicht, es war ein Nussbaum, auf dessen braunen Schalen man gefährlich ausrutschen konnte und die beim Nussenlesen die Hände auf drei Tage hinaus rot einfärbten. Dafür war sie gut gegen Warzen, diese braune Sauce, aber was sollte das, wenn man gerade keine hatte und die anderen Kinder in der Schule nur lachten, wegen der roten Hände.

Natürlich gab es auch beschauliche Stunden, man kannte noch nicht das ganze Elend der Welt, man sang und spielte noch selber, wenn Musik sein sollte, und ein Bild in einem Heft oder auf einem Lebkuchen war noch ein Bild, etwas Kostbares, das man einklebte, oder jedenfalls würdigte, statt es mit einer Schnur darum gewickelt am andern Tag an den Strassenrand zu werfen.

Auf der Bank zu sitzen, hatte nicht nur mit dem nötigen Ausruhen zu tun, es war neben anderem auch ein stiller Kriegsrat. Von den Indianern weiss man, dass ihnen demokratisches Denken völlig unverständlich war. Wie kann man gegen den grossen Stamm im Norden in den Kampf ziehen, wie kann man das Lager wechseln, wenn per Abstimmung ein Drittel der Krieger nicht damit einverstanden ist? Also muss so lange gehockt und geraucht werden, bis alle desselben Geistes sind, sonst konnte man gleich hocken bleiben. Unsere Nachbarn gegenüber sollten ruhig sehen, wie es gerade mit der Rangordnung stand und ob einer krank war, weil er schon lange nicht mehr auf der Bank gesehen wurde. Was nach Ruhe auf einem kleinbäuerlichen Familienbetrieb aussah, war nicht das Gegenteil von Arbeiten, es waren Sitzungen im modernen Wortsinn; so wie man Sitzungen im Büro- und Verwaltungsleben ja auch nicht den Arbeitscharakter abspricht, obwohl man das in den meisten Fällen tun sollte.

Kleinbäuerlicher Familienbetrieb hiess: Wenn man noch bei der einen Arbeit war, hätte man längst bei der nächsten sein sollen. Denn um ein einigermassen durchschnittliches Einkommen zu erzielen, musste alles angepflanzt werden, was auf dem sumpfigen Badersdorfer Boden wuchs. Ging der Raps nicht auf, war es ein gutes Obstjahr gewesen. War das Obst verhagelt worden, dann konnte man auf die treuen Kartoffeln zählen, wenn man nur jedes Jahr das Feld wechselte. Und Vieh aller Art hatte man auch, das zweimal am Tag gefüttert werden musste. Das Melken und Ausmisten noch hinzugerechnet, war man den ganzen Tag am Rennen: »Früe uf und schpaat nider, friss gschwind und schpring wider!« war die Devise, die ich in sicheren Abständen von meinem Vater hörte, wenn wieder einer am Strassenrand den Bauernstand zu rühmen anfing oder wegen der Subventionen lästerte.

Dieses treffende Gedicht war es denn auch, das ich an einem Examen im lieben Beisein meiner Mutter vor der Tafel aufsagte, als der Lehrer fragte, ob ein Kind sonst noch ein Gedichtlein wüsste. Auf dem Heimweg sagte sie kein Wort, meine tapfere Mutter, obwohl sie doch wusste, dass nur die Knechte »fressen« statt »essen« sagten. Und wer wusste es besser als Mutter! Blutjung – um die damals üblichen fünfzehn Jahre jünger als Vater – auf den fremden Hof gekommen, dann hintereinander drei Kinder zur Welt gebracht, der Mann im Aktivdienst, allein mit besagtem Grossvater den Hof führen, als hätte sie ihn geheiratet, nicht Vater, nebenbei mit dem Handwagen Obst in die Keller der Fabrikantenvillen und Einfamilienhäuser bringen, sie eigenhändig in die Hurden legen, ohne auf den Gravensteinern braun werdende Flecken zu hinterlassen, und das Obstgeld beiseite tun für die neue Sonntagstracht. Denn ohne Tracht kein Trachtenverein und ohne Trachtenverein keine mühsam erworbenen Freundinnen im fremden Dorf. Und ohne diese Verbündeten keine Lichtbildabende und Maibowlen, was man doch als mindestes erwarten durfte, wenn man von einem besseren Hof weg und durch die Nebelgrenze hinab geheiratet hat, was sie Badersdorf und Vater nie verzeihen sollte.

Mutter hatte wenig zu lachen, und sie lacht auch nicht vor dem blühenden Kirschbaum mit meinen beiden Brüdern auf dem Arm: eine auffallend schöne Frau mit den halblangen gewellten Haaren, wie sie damals die Garbo trug in der *Sie und Er.* Ihr geblümtes Kleid mit kecken Rüschchen am Saum flattert noch immer unschuldig knapp unter den Knien – später wollte sie sich nicht mehr auf Fotos sehen. Man konnte betteln, wie man wollte. In einem Punkt hatte sie allerdings recht, und obwohl es alles andere als eine Schande ist: Eine Bauernfrau ist das auf den Bildern nicht, eine Fasnächtlerin schon gar nicht, obwohl sie gezwungenermassen auch nicht um ihren Part herumkam.

An Ferien war schon gar nicht zu denken auf einem KFB. Die Eltern leisteten sich erstmals nach dem Verkauf der Kühe bescheidene Ausflüge an die Seen rundum, als müssten sie noch immer zum Melken um sechs Uhr zu Hause sein. Pflicht steckte einem einfach in den Knochen, wie anderen die Fasnacht – oder das eine wegen des anderen.

Zur verordneten Kur mussten allenfalls ältere Mannsbilder, wie die Grossmutter sagte, wegen des Hüftgelenks, was aber ohnehin nichts nützte, weil das Ausmisten in den stets feuchten Ställen dadurch auch nicht gesünder wurde, solange die Ställe die alten blieben: feucht, stockdunkel und nicht höher als eine Kuh. In unserem hinteren Rinderstall sah man die Hand nicht vor Augen.

Jeder ältere Bauer ging schliesslich an der Krücke. Auf Viehmärkten hätte man meinen können, man sei an einem Krückentreffen. Kann sein, dass sie sie mit der Zeit gar nicht mehr weglegen mochten, dieses Standardmodell aus dem Sanitätszimmer des Feuerwehrdepots mit dem stets schiefen, mit Mist verschmierten grauen Gummizapfen. Man konnte ja aus dem Ellenbogen heraus viel besser über die Plätze und Felder weisen, wo die Jungen noch etwas richten sollten. Schon im Alten Testament hinkten die Patriarchen, um ihren Schäfchen die Last ihrer Verantwortung vorzuführen, von der sie glaubten, sie keinem Nachfahren zutrauen zu können. Päpste, kaum mehr des Redens mächtig, lassen sich tragen und rollen. So will auch der alte Ramseyer, wie es in dem bekannten Schweizerlied heisst, seinen Stock haben, den er, kaum ist er im Altenteil, dem Stöckli, zielsicher in den Schirmständer wirft und treppauf, treppab springt wie ein junger Spunt. Dem Müeti, am Stammtisch »Alte« genannt, wird er die Welt nicht mehr vormachen wollen.

Kein Wunder, dass die jungen Bauern nur noch Gemüsebauern sein, Geflügelfarmen auftun oder nach Kanada auswandern wollten, wo man wenigstens mit der grossen Kelle anrichten konnte, anstatt durch Erbteilungen verspickelte Felder bewirtschaften zu müssen, auf denen ein anständiger Traktor kaum auf dem Eigenen zu wenden vermochte. Aus keinem anderen Grund legte sich ein Bauer aus dem Unterdorf einen dreiräderigen Traktor zu, der auf der Stelle im Kreis drehen konnte, weil selbst sein Hausplatz zu klein war, um regelgerecht wenden zu können. Oder man übernahm einen der neuen Höfe, die durch Güterzusammenlegung bald links und rechts der Autobahnen entstanden waren, wo man rundum in drei Minuten auf den eigenen Feldern war, anstatt mit dem Heufuder an der neuen Ampel verregnet zu werden. – Der Letzte von einem nun wirklich kleinen bäuerlichen Familienbetrieb fuhrwerkte noch mit Kühen, als schon an der Badersdorfer Mehrzweckhalle gebaut wurde. –

Fortan konnten die Alten mit ihren Krücken hindeuten, wohin sie wollten, ihre Jungen hatten keine Lust mehr auf den Krampf für nichts als einen kaputten Rücken oder ein Sulzergelenk.

»Früe uf und schpat nider, friss gschwind und schpring wider!«

Ausser an der Fasnacht.

Denn kaum kam über den Spiralring des Jahreskalenders der landwirtschaftlichen Genossenschaft die Klappe Februar oder März mit dem fettgedruckten Wort: »Fasnacht« ins Blickfeld, so war es um die Unterschiede geschehen.

Ich weiss nicht, wann die durch die Einführung der Reformation unter dem Diktat des strengen Lokalreformators namens Zwingli gründlich verachtete Fasnacht in Badersdorf und einigen wenigen Dörfern um die grosse Stadt mit dem protestantischen Münster herum wieder Einzug hielt – jedenfalls tat sie es heftig oder war vielmehr nie ganz verschwunden gewesen. Ein Funke unter einem Wurzelstock oder unter Moos kann noch ein halbes Jahr lang glimmen und neue Brände entfachen. Die meisten Bollwerke des Protestantismus hielten der Versuchung aber stand. Wetikon, Mutters Badersdorf, war vormals geradezu die Urzelle des freudenfeindlichen Protestantismus und des fanatischen Täufertums gewesen. Hier sollte Nüchternheit gelten, und Fasnacht war heidnisch. Wahrscheinlich war im armen Badersdorf ein Funke Anarchie lebendig geblieben; die herrschaftliche Kirche hatte hier immer einen schweren Stand gehabt.

Was im Wirtshaus zum Rebstock in jenen narrenfreien drei Tagen abging, war die reine Anarchie. Mögen Ethnologen in der Fasnacht sehen, was sie wollen, Fasnacht war hier schlicht der Ausdruck für den Sinn des Lebens. Fasnacht war das richtige Leben. Davon musste niemand überzeugt werden. Und hätte einer Fasnacht erklären wollen, ich glaube, er wäre gesteinigt worden im dekorierten *Rebstock* an der Kreuzung, dem Zentrum der Badersdorfer Scherbengerichte. Dass das mühselige Tagein-Tagaus nicht alles war, was man von einem Leben auch in Badersdorf erwarten durfte, das musste einem niemand erklären, schon gar kein Studierter und schon gar nicht hier. Versuchte es der Pfarrer in der Kirche, dann war das zwar gut und recht, aber wie kann einer Wein verstehen, der noch nie davon getrunken hat und der sich hütete, jemals im *Rebstock* aufzutauchen?

Man war als Kind von der Fasnacht infiziert worden und hatte das Virus sein Leben lang im Blut, nicht mehr und nicht weniger. Ein Märzlüftchen genügte, ein erstes Konfettibätzchen im Schnee oder von fern das Schränzen einer Posaune aus einem Dachfenster, und der Mechanismus eines jeden Betriebs, war er bäuerlich oder handwerklich, mittelgross oder klein, lief rückwärts. Es hatte angefangen! Es würde sich wieder zeigen! Das Verhängnis musste vollzogen werden, es führte kein Weg daran vorbei.

Was städtische Fasnächtler mit Recht behaupten – der Geist wehte vom Land zuletzt auch wieder um die Türme des strengen Münsters – nämlich, dass man kostümiert, also mitten im Geschehen, sein müsse, weil man ohne bunte Fetzen und Schminke im uninspirierten Draussen sei, das hatte in der Stadt wohl seine Richtigkeit. Nicht aber auf dem Land. Man bemühte sich zwar, Hals über Kopf, aus Jute-Säcken und Kartonschachteln, von denen man jede aufhob, oder aus Tannenreis und Fassreifen Kostüme zu basteln. Aber am Stammtisch zu sitzen, einen Bierdeckel auf dem Kopf, tat es auch. –

So waren Bauern in den Krieg gezogen: den nächsten Dreschflegel ergriffen, die Sense und hinauf zur Burg, wo der Zehntenherr in seinem Fett hockte, und gleich zuschlagen, bevor die Wut verraucht. Denn nach dem dritten Tag hätte sich der Alte gefasst, und dann Gnade Gott diesen Stürmisiechen. Nicht selten erwuchsen Bauernrevolten aus der Fasnacht, waren im Prinzip dasselbe. An der Basler Fasnacht verprügelten aufgebrachte Bürger hundertfünfzig bewehrte Habsburger, als diese einer Sauflaune folgend meinten, auf dem Münsterplatz ein Turnier abhalten zu müssen – der Herzog entkam im letzten Moment über den Rhein.

Die Fasnacht war eine unausgesprochene Übereinkunft, eine gemeinsame Haltung, aus Notwendigkeit erwachsen, nicht eine Frage des Kostüms oder der geprobten Guggenstücke. Proben ist feige, hiess das Motto, das keiner jemals aussprach. Man entriegelte einfach das Fenster, damit ein günstiges Lüftchen es aufstosse. Dazu konnte man sitzenbleiben.

Vorbereitung zählte höchstens am Fasnachtsball mit Maskenprämierung im besseren *Löwen* oder beim Umzugswagen für Gerbersdorf, einer ganz und gar verrückten Nachbargemeinde, die, protestantische Fingerschrauben hin oder her, bestimmt nie von der Fasnacht liess. Und durfte man nicht Fasnacht sagen, dann halt »Kappenfest« oder »Bocksabend« – auch das Volk fand schon immer seinen Weg durch Sprache, um alles beim Alten zu belassen.

Es ging einmal gerade nicht um Konkurrenz. Die alte Traubenwirtin hatte eine Sammlung verschwitzter und vergeiferter Papiermasken vom Vorjahr im Buffet, die man nach dem zehnten Schnaps dann doch überzog; es gab ein paar verbeulte Türkenhütchen mit Zotteln und die ewigen Augenmasken mit Fransen, bei denen immer der Gummizug fehlte oder brüchig war. Und natürlich Nasen in jeder Form, die wirklich erst nach dem fünfzehnten Schnaps zu ertragen waren. Anni, die alte Wirtin des *Rebstocks*, warf den ganzen ineinander verhangenen Plunder einfach im geeigneten Moment, den sie spürte wie die Katze die Maus, mitten auf den Stammtisch, und schon ging's los. Dieser entscheidende Moment war aber selten vor zehn Uhr abends.

Auch draussen auf den Strassen hätte ein Fremder zu

dieser Zeit kaum Fasnacht ausgemacht. Nur vereinzelte Spuren von Konfetti und Papierschlangen in einem Busch zeugten von fasnächtlichem Treiben. Sie stammten fast durchwegs vom kleinen verlorenen Umzug des Kindergartens am Vormittag, den die Kindergärtnerinnen mit ihren Tambourinen offensichtlich lustiger fanden als ihre nachgezerrten Kleinen. Oder es geisterten wilde Züglein von Buben, wie ich einer war, in mit Heu ausgestopften Kartoffelsäcken und Schachtelmasken durch die Strassen, meistens mitten im damals noch spärlichen Autoverkehr, und machten im Übermut alles unsicher, was vor ihre Augenschlitze kam. Viel war es beileibe nicht, was ich sah, weil die Schachtelmasken dauernd verrutschten. Ich sah mich vielmehr in einem dumpfen Halbdunkel gefangen und schwitzte heftigst in meinem strohgefüllten Paillass. Gäll du känsch mi nööd! war die rhetorische Frage, die wir mit verstellter Stimme jedem ins Ohr brüllten, der uns entgegenkam. Wie hätte er auch sollen! Und in dem hilflosen Versuch, einen zu erkennen, lag das ganze Vergnügen unseres wilden Treibens.

Mit dem Eindunkeln und den allabendlichen Pflichten von Bauernbuben – dem Runkelnmahlen fürs Vieh oder dem Abliefern der Milch um sieben in der Milchhütte –, liess das spärliche Fasnachten nach, und eine Ruhe kehrte ein ins Dorf, die nicht das Geringste von dem Folgenden hätte erahnen lassen.

Denn jetzt waren die Grossen dran, die Burschen aus den Vereinen sowie die verlobten und verheirateten jungen Arbeiter und Gewerbler aus dem Unterdorf.

Aber Stunden vergingen. Würde es überhaupt noch etwas werden dieses Jahr?

Der alljährliche Zweifel gehörte zum Spiel; die Sache musste erst auf des Messers Schneide kommen, der Einsatz war noch zu tief. Zu früh und zu willentlich loszulegen, hätte alles verdorben, so wie zu eifrige Musiker eine Jam-Session verderben, weil sie es nicht aushalten, zu warten, bis ein Solo angebracht ist. Es gab Guggenmusiken in der Stadt, die vor lauter Proben das Jahr über alles niederbliesen, was eine Stimmung zu werden versprach. – Im Dorf, wie gesagt, übte niemand, und niemand wusste, ob er sich überhaupt verkleiden würde und was ihm im letzten Moment allenfalls aus Nachbars Kostümschachtel angedreht werden würde.

Es kehrte Stille ein, ein kaum auszuhaltendes Vakuum, aus dem sich jedoch plötzlich der Initialknall ereignen konnte. Alles hat seinen Preis, die gemeine Dorffasnacht musste erst verdient werden. Mit Vertrauen gegen jede Vernunft.

Urplötzlich kommt der Überfall, auch dieses Jahr. Natürlich zuerst im *Rebstock*, der bedingungslosesten Fasnachtshöhle.

Gegen zehn Uhr, man sass schon beim dritten Dreier, verbreitete sich das unausgesprochene Wissen, dass es nun jederzeit passieren konnte. Kein Uneingeweihter hätte etwas bemerkt, ausser dass dekoriert war, wie in den meisten Dorfwirtschaften rundum, doch das wollte nichts heissen. Aber irgendwo im Dorf standen jetzt einige Turnvereinler oder Blasmusiker auf einem Estrich und probierten Kostüme an. Es musste Fendant geben aus der Literflasche oder Kafi Lutz, den Kaffee im Glas mit soviel Schnaps darin, dass man durch die hellbraune Brühe hindurch Zeitung lesen konnte, oder es war keiner. Es ging ja darum, die letzten zufällig mitgeschleppten Unentschlossenen gefügig zu machen und sich selber Mut anzutrinken, weil man sich doch auch hätte fragen können, was das alles sollte. Nicht jeder fand es auf Anhieb lustig, nach einer Woche harter Arbeit im Innenbau, kaum dass man sein besseres Hemd anhatte und die gute Hose, in die verschwitzten Kostüme vom Vorjahr hineinzusteigen. Und nicht jede Freundin der mitgeschleppten Kollegen war begeistert, ihren Schatz, kaum war er einmal zu haben, schon wieder an die Meute zu verlieren. Frauen waren denn sowieso keine anzutreffen, im innersten Kern des fasnächtlichen Fieberherdes dieser Art, es konnte zu derb kommen. – Anders dagegen in der katholischen March, gegen die Innerschweiz zu, wo die Frauen in diesen Tagen erklärtermassen keine Unterhosen trugen und die Fasnacht noch einmal etwas anderes war. – Um es so zu sagen: Das Ganze musste hier wie dort erst einmal in den Schlamm hinein, damit jene zarten Sumpfröslein spriessen konnten – die seltensten unter den Rosen.

Die Badersdorfer Jumpfern huschten also bestenfalls, wissend vom bevorstehenden Überfall, weil sie nicht selten eigene ausgetragene Blusen und Röcke auf den Estrich gebracht hatten, mit Schweigegelübden umgeben, die man ihnen auf hundert Meter ansah, wie zufällig in den *Rebstock* und setzten sich in den Winkel, der die beste Übersicht versprach. – Aber hatten Irene und Vreni und die Patrizia von der Papeterie schon einmal zu dieser Zeit alleine im *Rebstock* gesessen und ohne Männer? – Jeder wusste spätestens jetzt: Das Brot war im Ofen! Noch einen Montagner, Anni! heisst es plötzlich rundum, denn während des Überfalls würde kaum mehr zu bestellen sein.

Aber nur nicht so tun, als hätten es alle gemerkt! Man will ja den Kindern den Glauben lassen. Der Fremde hätte nichts weiter bemerkt als eine Phase gehäufter Bestellungen und eine Wirtin, die den Ventilator eine Stufe höher stellt. Der Schirmständer im Eingang muss auch beiseitegeräumt und das Tablett gerichtet werden mit den Weissweingläsern für die Verrückten. Würde sie dieses Tablett nicht bringen und die gefüllten Gläser wortlos in die Runde stellen zum allgemeinen kostenlosen Zugriff – keiner würde jemals mehr den *Rebstock* frequentieren. Gestrichen, wie der *Ochsen* in Dotlikon, den der neue Pächter aus der Stadt auf seine Weise auf Vordermann zu bringen gedachte. Die paar Flaschen Weisser waren Ehrensache und würden obendrein übers Jahr harrasweise ihresgleichen nach sich ziehen, das konnte in Badersdorf für sicher gelten.

Ehrensache auch, dass der Gemeindepräsident auf eine Runde vom *Löwen* herüberkommt, an diesem verregneten Abend, auch wenn der Fasnachtszug diese bessere Wirtschaft später nicht verschonen würde, wo man jetzt Geschnetzeltes bestellte und Serviettenringe erwarten durfte.

Denn Magistraten, die sich dem Volksgericht nicht stellen, das weiss man im *Löwen*, haben nichts zu suchen auf der Wahlliste vom nächsten Jahr. Einmal muss es sein, dass das Volk sich auslässt an seinen Steuertreibern, sonst kommt der Saubannerzug unterm Jahr und fordert den Kopf. Am Zunftumzug durch die Stadt wird sich zeigen, wer mehr Blumen zugeworfen bekommt, der Alte oder der Gegenkandidat. Und ist der Lehrer von einer Woche Klassenlager auch zerstört, so muss er trotzdem noch den Rasierschaum um den Kopf geschlagen bekommen vom Affen unter der Wolldecke, der nicht sieht, wo er hinlangt. Und damit es die Jungen nicht vergessen, wird es vorgemacht an den Hochzeiten landauf, landab. Keine Krawatte ist zu teuer, um nicht abgeschnitten zu werden. An der Fasnacht kommt es auf den Punkt, allenfalls mit einem Dolch im Hosenbund – das ist Fasnacht. Da muss jemand durch, der den Vorsitz will, und der Präsident ist der Baumeister im Dorf.

Hat Vrene jetzt nicht wie zufällig den Vorhang etwas zurückgeschoben, damit sie die Hauptstrasse überblicken kann bis hinunter zum Konsum? Sollten sie nicht schon längst kommen, diese Freischärler mit dem Leiterwagen, den sie in einen Krankenwagen verwandelt haben und in dem die ausgebeinelten Knochenstücke liegen aus der Abdecktonne der Metzgerei? Vielleicht sind sie noch beim alten Gafner vorbei, dem Dachdecker am Weg, der den Rollstuhl verweigert, sich aber nicht halten kann vor Freude auf seinem Schaffell, wenn er Fasnächtler sieht. Die zweite Runde Weissen werden sie also schon intus haben, wenn sie kommen, das würde ja etwas werden! Wenn sie jetzt aber nur endlich kämen! Anni, noch ein Vivi-Cola.

Als erster tappt der Meier Edgar in Unterhosen herein – Lungenentzündung hin oder her –, sonst nichts an mitten im Winter! Er muss es allen wieder zeigen, dieser Spinner! Auf dem Kopf eine Schlafmütze, in der Hand einen Kerzenhalter mit brennender Kerze: ein Schlafwandler offenbar, und so geht er im Gelächter umher, ohne eine Miene zu verziehen, und tappt durch die Hintertür der Küche wortlos wieder in die Kälte hinaus. So müssen sie es ausgeheckt haben auf dem Estrich; man konnte sich freuen, was da sonst noch alles kam, wenn der Edgar dabei war!

Aber vorerst kommt nichts als wieder die Schlafmütze von vorne herein, diesmal ohne Unterhosen, aber mit einer Pappnase über dem Schwanz. – Das ist der Edgar! Wieder geht er ohne eine Miene zu verziehen durch die Küche hinaus ins Freie, um zum dritten Mal vorne wieder hereinzukommen – dieses Mal mit einem Servierschürzchen vom Haken im Korridor und mit einer Rübe im Hintern, die er aus der Küche hat mitgehen lassen.

Nein, aber! Die kennen nichts! Das fing ja gut an! Anni, noch einen Valpolicella.

Nun springt die Türe ganz anders auf. Sanitäter stürzen herein und fragen, wo der Verletzte sei, man habe angerufen. Sie kommen mit alten Doktortaschen – wo sie die nur wieder herhaben! – und fangen an, den Gästen den Puls zu messen. Einer bringt die Fusspumpe vom Velomechaniker, um den angeblich tiefen Blutdruck der Tiroler Saaltochter aufzubessern. Die Bluse muss auf, die mache Druck, und Roten müsse sie trinken, jetzt, und am besten gleich alle, meint Gottliebens Hanspi, der zerstreute Professor mit der Drahtbrille – prophylaktisch, wegen der roten Blutkörperchen. Aber welcher war denn jetzt der Verletzte?

Der Balz ist es, beschliessen sie, der Feuerwehrkommandant. Auf den Tisch muss er liegen. Man räumt die Gläser weg. Nach hilfloser Abwehr stellt er sich tot, der Balz, das ist das Einfachste. – Die Hosen müssen herunter und das Hemd, leitet ein Doktor an, der sich jetzt eine Serviette um den Mund bindet, damit er operieren kann. Sägen werden ausgepackt, einen Zapfenzieher und Messer jeder Grösse bringt einer aus der Küche. Darüber ein Tischtuch, unter dem der Doktor und seine Gehilfen die schon bläulich angelaufenen Knochenstücke hervorzaubern werden. Aber erst müssen sie heimlich unters Tuch, die Knochen. Das besorgt der kleine Franz, der sich unbemerkt unter den Tisch verkrochen hat und jetzt Theaterblut durch ein Röhrchen nach oben unters Tuch bläst. Eine Riesensauerei, schon bevor sie zu operieren beginnen. Man krümmt sich vor Lachen. Auch der Balz, der eigentlich bewusstlos sein sollte, kann sich nicht halten. Das will mit einem Gummihammer abgestellt werden. Kommentare fliegen von Tisch zu Tisch und ab und zu ein Knochen, dessen Form zu mannigfachen Spekulationen Anlass gibt.

Da platzen die Gugger von der Blasmusik herein, gerade als der Doktor einen nicht enden wollenden Darm unter dem Tuch hervorzieht und über die Tische schwingt. »Oh when the saints come marchin in«. – Nun ist der Balz, selber Bläser, plötzlich gesund und verlangt nach einer Trompete. »I wanna be one of that number« spielt er mit und aufersteht in seinem ganzen Blut. – Vom Nachtwandeln im *Löwen* über der Strasse ist auch der Edgar wieder zurück in der *Traube*, wo es einfach am besten ist, und niemand fragt, warum ihn der Hafer sticht, den Leiterwagen, mit dem der zu Tode gebrachte Patient hätte abtransportiert werden sollen, durch den Eingang hereinzuzwängen und mit vereinten Kräften über den Stammtisch zu reichen. Letztes Jahr war es ein kurzärmeliger Pullover gewesen, den er bei der Garderobe einhakte und sich beim Herumgehen um die Tische allmählich auftrennte, bis er nur noch den Kragen anhatte und die Gäste des Stammtischs in einem Garngespinst gefangensitzen liess. Heuer kippen die Gläser, die Deichsel schwingt unberechenbar in die Runde, die Lampe schwankt, aber der Leiterwagen muss über alle Tische, Gott allein weiss warum, und durch die Küche hinten wieder hinaus.

Mit dem noch ausstehenden Überfall des Kegelklubs und des Schützenbundes kann es morgens vier Uhr werden, bis aufgewischt werden kann. Dass Freinacht ist, ist auch klar, wenn der Dorfpolizist, der Egger Fritz, selber am Stammtisch sitzt, mit einem Türkenhütchen auf, wie der Mufti von Jerusalem. Man schliesst einfach pro forma die Tür ab, um sie jedem zu öffnen, der anklopft. Privat ist privat. So hat der Zwingli sein Gesetz und das Volk seine Freude. – Wer hätte das beim Eindunkeln gedacht!

Damit hat die Fasnacht aber erst angefangen.

Es sind noch keine Fasnachtschüechli gebacken. Die meisten Arbeiten auf einem kleinbäuerlichen Familienbetrieb zogen sich regelmässig durchs ganze Jahr dahin: das Melken, das Feld, das Füttern. Aber gewisse Arbeiten, wie zum Beispiel das Dreschen, Schnapsen, Metzgen und sogar das Scheiterbeigen fanden, jedenfalls bei uns, an einem einzigen Tag statt. Es waren eigentliche Festtage, wenn auch die Arbeit, zum Beispiel beim Dreschen, enorm war. Jede einzelne Garbe musste vom Strohboden über drei Helfer mit der Gabel hinuntergegeben und die Garbenschnur gelöst werden, an deren einem Ende ein gefärbtes handgeschnitztes Holzringlein hing. Anschliessend wurden die Garben in die Dreschmaschine geworfen und die dann um ein Dreifaches schwereren gepressten Ballen von der Tenne wieder von einem zum andern hinaufgehievt, bis sie wieder auf dem Strohboden lagen; vom Schultern der zentnerschweren Kornsäcke ganz zu schweigen, welches immer der Hofbauer tat. Ihm gebührte die Ernte und das Unterscheiden des guten Korns vom minderen Hühnerweizen. Ohne die Männer von den andern Höfen, ohne Onkels und Cousins, die für einen Tag beisprangen, war das Dreschen unmöglich. Man musste also auskommen untereinander, auf Gedeih und Verderb. Und es musste ein Dreschessen her, ein Festessen, über das man noch lange reden würde. Überhaupt sah das ganze Dorf ins Haus an diesem Tag, es musste ja in mehreren Stuben gleichzeitig gegessen und durch Schlafkammern gegangen werden. Es war der Tag der Wahrheit, die Rechenmachers wurden taxiert, und die Meinung war wieder gemacht für ein Jahr.

Was gibt es aber so Wichtiges, das die ganze Sippe einen ganzen Tag lang in der Küche versammelt und alle anderen Arbeiten ausser dem Füttern und Melken ruhen lässt? Das Wichtigste überhaupt war: Fasnachtschüechli backen. Wenn in einer protestantischen Sippe ausnahmslos jeder einen ganzen Tag lang nichts Nützlicheres tat, als das zerbrechlichste und flüchtigste Gebilde herzustellen, das auf einem Bauernhof denkbar ist, dann musste dieses Fluidum und das Kosten dieses oblatenartigen Hauchs von einem Gebäck der Sinn des Hauses und des Jahres sein. Anders ist es nicht vorstellbar, denn nichts Weltliches hätte Grossvater durchs Jahr jemals an den Herd gebracht, hätte die ganze Sippe rückwärtslaufen lassen, dass man fast das Melken vergass. Es muss einen sehr gewichtigen Grund geben, wenn einer auf einer Autobahn plötzlich rückwärts fährt.

Das Mysterium ist der Schlussstein der Kathedrale, jeder Baumeister kann es erklären. Ist er endlich nach hundert Jahren über dem heiligsten Bezirk eingesetzt, wo alle Kräfte zusammenlaufen, kann das Gerüst entfernt werden. Leichtigkeit ist zu Anfang immer harte Arbeit gewesen, doch jetzt soll nichts mehr daran erinnern. Das Wunder ist geschehen, die Naturgesetze halten Wort, auf Gott ist Verlass. Es ist ein einziger simpler Stein; verglichen mit den gewaltigen Wandquadern ein Fasnachtschüechli, aber er muss vom Meister ausgesucht, vom Bischof bespritzt und gesegnet werden als letzter aller Steine, deren Bearbeitung Dutzenden von Baugesellen das Leben gekostet, die Stadtkasse geleert und drei Bürgermeister um Amt und Kragen gebracht hat. Und wofür? Damit man in der Falllinie darunter ein Gebäck auf die Zunge gereicht bekomme, das nicht einmal Salz verträgt; nichts Irdisches, dieses aufgeflockte Gebilde, das Jungfrauen herantragen müssen oder Bauernknaben zu zweit, der mittlere und ich, in Obst-Zainen in den Keller, wo sie neben den Korbflaschen mit den Spirituosen des Hauses vorerst so lange lagern, bis jedes Küchlein auf den letzten Krümel aufgegessen ist. So lange gibt es keine freie Zaine auf dem Hof. So lange ruht die Arbeit notgedrungen, der Schlüsselstein muss gefeiert werden, der Narr habe das Sagen! – Vielmehr ergreift er das Zepter und setzt sich des Königs Krone selber auf. Das Volk tobt, der König muss es geschehen lassen, denn jeder weiss: Des Narren Ordnung ist die wahre Ordnung, wenn auch nicht zu leben hienieden durchs Jahr.

Sind sie nicht prächtig geworden, die Chüechli, wie sie da in der Zaine liegen, hingebettet mit zwei Schindeln, wie er kein Kind jemals in die Wiege legte, der Grossvater, wenn er es je getan hat. Kind und Kegel gab es zuhauf – man kannte die Namen der Kühe besser –, noch Vater hatte seine liebe Mühe, uns und die anderen Dorfbengel beim richtigen Namen zu rufen. Aber Fasnachtschüechli gab es nur einmal, und sie waren schneller weg als der letzte Schnee.

Lange durfte das Interregnum nicht dauern. Drei Tage. So lange, wie man Zigeuner duldet im Dorf. Sie würden ihr Huhn stehlen, die Pfannen flicken und die unfruchtbaren Männer vertreten hinter der Scheune, wie die Mönche auf Maria-Hilf, was dann auch half, auf wundersame Weise: Der Name durfte weiter gelten, die Nachkommen würden Messen stiften.

Mit der ersten grellen Märzensonne war das Rad wieder angelaufen, aber vorerst musste es für einen Augenblick zum Stehen kommen, und das war an der Fasnacht in der Küche unseres KBFs, wie die BGB-Funktionäre auch sagten, die von der Bauern-, Gewerbe- und Bürgerpartei, die es damals noch gab und deren kantige Bundesräte von Sähmaschinen mehr verstanden als von Tischgedecken am Neujahrsempfang.

Und bevor die Grossväter nicht unter dem Boden lagen, hatten die Väter nichts zu melden, durften sie auch die guten von den schlechten Körnern scheiden. Solange auch die Grossmutter noch lebte und auf der Bank vor dem Haus sass, hatte ihr die Mutter die Decke zu bringen und ich das erste Chüechli vom Keller. Die Alten mögen ins Stöckli gezogen sein, ins Nebenhaus –, aber im richtigen Moment kommt der Ramseyer heraus und verteilt die Flüche. Geschweige, dass die Kinder die Rede führen, wie es in Mode kam. Das unterbindet Grossvater mit seinem silbernen Löffel am Tisch, seinem Löffel, den er zeitlebens erst abschleckt und einem dann über den Schädel haut, dass man unvermittelt ins himmlische Licht sieht, auch ohne Oblate und Altar. Selbstverständlich, dass er die besten Stücke aus der Schlachtplatte herausfischt, bevor die andern daran denken können, sich zu bedienen, bis Vater drankommt und dann die Mutter. Knechten und Kindern gehörte der Rest. Da ich der Jüngste war, mussten mir Tücken helfen: das Beschmeicheln der Magd, um an den Schlüssel der Speisekammer heranzukommen – ein Vorwand, in den Keller zu gehen, um unauffällig ein Stück aus den Chüechlikörben zu holen. Und was Hänschen gelernt hat, verlernt Hans nimmermehr.

Diese Ordnung wäre einem Fremden mehr vorgeführt als auf den Kopf gestellt vorgekommen, hätte einer zur Tür hereingeschaut: am Herd, vor drei Pfannen geschmolzenen Schweineschmalzes der Grossvater mit zwei Schindeln in der Hand, dahinter die Grossmutter, die ihm die hauchdünnen Fladen von langen Rechenstangen herabreicht, die längs durch die Küche aufgehängt sind, und in die Pfannen gibt. Man hatte die Sau extra mit saurem Most gefüttert, damit sie viel schlafe und am Ende fünfundzwanzig Liter ausgelassenen Schmalzes hergab. Der Grossvater verdreht die hauchdünnen Fladen mit seinen Schindeln gekonnt in die gewünschte aufgeworfene Form. Mit den Hölzern unter die Fladen greifend, hebt er sie aus dem kochenden Bad und legt sie mit aller Vorsicht in die bereitstehende Zaine. Die mehligen Scheiben werden mit einigem Vorsprung von Vater und Mutter aus Teigbällchen geknetet, gehauen, gezogen und auf die Rechenstangen gehangen. Noch weiter hinten in der Reihe, auf dem Küchentisch, werden die Bällchen von Tanten und Mägden abgeschnitten und geformt.

Die Backmulde scheint unerschöpflich zu sein: Aus einer nach wenig aussehenden Teigmasse vom Vorabend werden auf wunderbare Weise unglaubliche Mengen von Küchlein gebacken, die alle sättigen würden. Wir Ministranten helfen da und dort, reichen dies und das, sorgen für Zainen, nehmen dem Grossvater den erloschenen Stumpen aus dem Mund und legen Holz nach, denn alle haben sie die Hände voller Mehl und Teig, ausser uns Kindern und dem debilen Knecht, der für einmal an Grossvaters angestammter Tischecke sitzt, seinen Tabak kaut und das Ganze überwacht. – Aber es muss noch Zukker drüber, Puderzucker aus der gelochten Dose mit dem Biedermeiermotiv, und nicht zu knapp. Das ist Sache des ältesten Bruders, der damit als erster Aspirant auf die zukünftige Produktionskette feststeht. Die Zainen in den Keller zu tragen, blieb, wie gesagt, uns weiteren Kindern überlassen, neben dem Zuschauen, auch wenn keine biblischen Wunder, so doch Zeichen geschahen an diesem sonderbaren Tag.

Über die Bälle in den besseren Gasthäusern wäre noch zu berichten, welche die Heiratsfähigen und frisch Verheirateten in ein für uns Buben unverständliches Fiebern brachten. Da galten andere Regeln, die der patriarchalischen Ordnung, ob gewährend oder widersprechend, entzogen waren.

Nach dem ersten Auftakt im *Rebstock* und dem Chüechlibacken kam ein Zuschneiden, Nähen und Auftrennen in die Stuben, die ein Nichts in ein hochstaplerisches Alles verwandelten. Wo waren diese Stoffe und Pailletten nur gewesen übers Jahr, in dieser unvorstellbaren Enge, in der man zusammenlebte? In der ich, der Kleinste, eine Zeitlang hinter einem Vorhang im Badezimmer schlief, in dem nacheinander Santo, Salvatore und Gabriele, unsere Knechte aus der gleichen Sippe in Apulien, auch noch ihre Kochnische hatten, weil sie unsere Speckküche nicht vertrugen. Sie kamen im Frühjahr mit unsagbar schweren Koffern voller Olivenöl und klebrigen Likören, sogar mit Säcken voller farbiger Teigmuscheln, aus dem Sonnenland hergereist und hingen als erstes ihre Schnüre mit den getrockneten Pfefferschoten ins Badezimmer. Jeder Anflug von Siphongeruch ruft mir noch heute in Erinnerung, wie mir die immer gleiche rote Sauce, die sich in den Müschelchen sammelte, die Tränen in die Augen trieb. Und ich sehe ihn lachen dazu, den Santo, als wollte er noch heute sagen: Was weisst du schon vom richtigen Leben in einem richtigen Land, vom Meer umspült, was weisst du schon vom heiligen Papst und den richtigen Frauen, die ein Nachpfeifen erwarten, auch wenn sie mit Sand nach dir werfen. Ich höre sie singen bis tief in die Nacht, aus der Pergola der *Traube* herüber, die noch nicht *Trattoria* hiess, wo sie knapp geduldet waren, die kräftigen Südmänner, die keine Chance hatten, uns das richtige Leben zu lehren, weil sie im November wieder gehen mussten mit Koffern voller Geschenke für ihre wartenden Frauen und Kinder, deren Fotos sie an Reissnägeln an die Wand des Badezimmer hefteten: Engelchen in aufgeplusterten Kommunionskleidchen neben der heiligen Maria, schwarzäugige steife Buben mit zentnerschweren Kerzen vor Oleanderbüschen. Ihre Ehefrauen waren nicht angeheftet. Und die Fasnacht war ihnen so fremd wie mir diese Bilder an der Wand. Obwohl sie sie mochten, die übersüssen Oblaten aus der Zaine.

Und ich bin ein Sohn des Meisters, obgleich ich neben der Badewanne schlafe, in der, im Glauben, ich sei eingeschlafen, am späten Abend, nachdem die Knechte in ihre Kammern verschwunden sind, die noch unverheiratete Tante Klara ihre Waschungen vollzieht. Ich sehe ihre Brüste und ihre Scham ohne Verlangen, aber im Wissen, dass sich daran Dramen entzünden konnten, die zu dem Gitter führte, das Grossvater vor das Fenster des untersten Zimmers anbringen liess, in dem ich später schlafen würde und in das man über die Scheiterbeige bequem ein- und aussteigen konnte. So wie ich ihn einschätze, war es ihm wohl hauptsächlich um die Scheiterbeige zu tun gewesen, auf den Zentimeter ausgerichtet, und gegen aussen hin ein Zeichen mehr, wer Holz vor dem Haus habe und wer nicht. Unser Hof war kaum mehr zu erkennen vor lauter Holzbeigen und angelehnten Bohnenstickeln, Heuhurden und Leitergestellen. Es ging um den Anschein, nicht eigentlich um die Moral, da war Grossvater nicht der Richtige, wie ich vom Heuboden herab beobachtete, wenn er mit der Magd das Futter für die Säue mischte. Aber das geht Kinder nichts an, woher sollten sie denn selber gekommen sein, wenn nicht aus solchen verstohlenen Momenten in dunklen Ecken und abschliessbaren Zimmern.

Das wusste jeder: Ob Kind oder Kegel – trächtig war besser als nicht trächtig, mochte es Freude oder Seufzen bringen über den nächsten denkbar überflüssigen Nachzügler, nachdem man sich doch etwas Spielraum nach der letzten Geburt versprochen hatte. Es war die heisse Linie, es musste sein, es war einfach richtig, gegen jede Vernunft, und später war es immer richtig gewesen, weil ihn, wenn nicht die Kirche, so offenbar doch der Herrgott gewollt hatte, den Bastard, den unverhofften Engel, vom anderen, dem Fremden oder Daheimgebliebenen. Und es war auch unausgesprochen klar: Ein Teil der Sippe würde nicht wirklich zum Zuge kommen und die Hitze anderweitig ausleben, allenfalls am Tier oder unter seinesgleichen, wenn nicht sogar mit den Kindern. – Gitter dran und Schweigen drüber, es war schon schwer genug!

Aber auf die Fasnacht hin ist kein Halten mehr, da

treibt es die Katzen um auf den Holzbeigen, dass die Scheiter fliegen, da muss ich die stallblinden bockigen Kühe mit dem Stecken zum Stier treiben, da hockt der Hahn auf die Hühner, wenn er es nicht immer tut. Vater muss die Hunde trennen mit der Spritzkanne voll kaltem Wasser, weil der Rüde nicht mehr von ihr loskommt, so gern er es würde, abgeworfen und abgedreht nun Hintern an Hintern schon den ganzen Vormittag. Was geht's mich an! Und Vater wird es nicht erklären, wozu auch.

Ich will mir ein richtiges Fahrrad zusammenbauen aus Teilen von der Abfallhalde im Steinbruch, ich will, dass mir der Knecht des Nachbarn, wie versprochen, endlich die Weissdornstecken im Glünggiwäldchen am Fluss zeigt, damit ich einen besseren Bogen machen kann. Ich will nicht verstehen, warum die Tante weint, warum die Mutter zwei Tage verschwunden war, warum Vater, stumm und Nägel zwischen den Lippen, die Tür des Ehezimmers zunagelt, warum Grossmutter das ihre von innen abschliesst, kaum dass sie drin ist. Was geht's mich an, der ich im Paillass schwitzend die Leute darum bitte, mich zu erkennen. –

Die gelben Schneereste vom Strassenrand geben es frei: Man hat Blutflecke mit Kreide eingekreist vor dem *Rebstock* und eine Krawatte im Busch gefunden. Die Grossen reichen sich die Zeitung. Was geht's mich an, ich bin doch ein Kind! Eine Schweinsblase ist eine Schweinsblase, die Matratze zwischen den Weissdornbüschen ist eine Matratze. Was sucht der Knecht in meiner Kammer unter meiner Decke jeden Sonntagmorgen, wenn die Eltern noch schlafen? Was tut er nur mit seinem Mund zwischen meinen Schenkeln? Was lacht die Tante, den Schwamm in der Hand, wenn ich aufstehe aus der Badewanne und mit mir der eigenartige Zipfel in seinem Eigensinn? Das geht mich nichts an. Bälle gehen mich nichts an. Ich will mit der Schweinsblase Mädchen verhauen und Kuckuckspfeifen schnitzen aus Weidenholz.

Lange währt es nicht, das Fieber: drei Tage. Danach wäre Mord und Brand. Deshalb ruft jetzt um so mehr die Pflicht. Der Grossvater tut erst recht, als wäre nichts gewesen. Noch früher steht er auf, noch lauter hämmert es aus seiner Werkstatt. Die Kostüme verschwinden umgehend im Kasten, verschwitzt, wie sie sind. Die Chüechli wollen schnell gegessen werden, sonst werden sie weich in der Feuchte unter dem Zucker. Die Zainen werden wieder frei, der Kreidekreis verblasst mit jedem Tag, an dem ich darüber hinweg zur Schule muss.

Nur manchmal erinnert noch ein Konfettirädchen in einer Spalte des Parketts oder unter einer Strassenhecke daran, dass Grossvater einmal am Kochherd stand und selbst Grossmutter im Stande gewesen wäre, im *Rebstock* einen Vergorenen zu bestellen.

*

Isabella

In den Fünfzigerjahren kam das Familienauto. Es kam so zwangsläufig wie alles in diesen Jahren. Ein Füllhorn schien nur darauf gewartet zu haben, sich entleeren zu dürfen nach der kargen Kriegszeit, die wir Kinder nur vom Hörensagen kannten. Für manche sollten die Kriegsjahre fortan das einzige Thema bleiben, wie einige nur noch Fasnacht verstehen wollten, schon nach dem dritten Satz. Es war tatsächlich ein Wunder gewesen, dass das kleine Land ausgespart blieb von all dem Elend rundum, wenngleich sich dieses Wunder auch geschicktem Kooperieren verdankte. Angeschossene Bomber überflogen das Dorf auf Baumhöhe, um den nahen Militärflugplatz zu erreichen. Einer entleerte seinen Bombenschacht über unserem Ried. Doppelfalzziegel lagen zerbrochen auf der Kreuzung. Man war für fünf Jahre Teil eines sinnstiftenden grossen Schicksals gewesen und fiel danach unbarmherzig auf sich selber zurück. Es wurde wieder still um Badersdorf. Der Boom der kommenden Jahre war noch nicht abzusehen. Die Männer kehrten vom Dienst zurück und mischten sich wieder ein, wo man eigentlich doch ganz gut alleine zurechtgekommen war. Manch junge Frau wurde sich erst jetzt gewahr, wen sie da geheiratet hatte, kurz entschlossen während drei Tagen Urlaub. Die knappen Stunden an den Urlaubstagen hatten zwar ihren Charme gehabt, nun aber sassen die Helden in der Stube, der Kaput hing am Nagel im Stall.

An einem Freitagabend stand es neben dem Miststock in seiner ganzen Pracht. Wir gingen um es herum wie Eingeborene um die erste Kanone. Es war etwas gelandet, das fortan unser Leben verändern und die familiären Grabenkämpfe auf einen Schlag überbrücken würde.

Borgward Isabella hiess die Raumfähre – wäre ihr Soraya von Persien entstiegen, es hätte nicht mehr erstaunen können. Isabella war lindgrün mit schwarzem Dach, bestand nur aus Rundungen und hatte hellrote Polster. Lenkradschaltung! Das Problem des ordinären Griffs des Fräuleins an den Lederknüppel war elegant behoben. Das Cockpit schien aus Bakelit gefertigt zu sein, so wie die neuen Mixer aus dem Katalog. Sogar eine Uhr war eingebaut. Man konnte das Dach zurückfalten, einen Aschenbecher ausklappen, und in der Sonnenblende war ein Spiegelchen angebracht: Eine Dame hatte es sich in den Kopf gesetzt, bei uns zu wohnen. Sie musste reichlich naiv sein, aber Damen haben manchmal Marotten. Warum sollte Soraya nicht einmal das Schweizer Bauernleben abwechslungsreich finden wollen! Vielleicht war sie gar nicht so! Hatte nicht der Ruttishuser im Oberdorf eine Ungarin geheiratet, von der man munkelte, dass sie in ihrem Land eine Adelige gewesen sei. Andere sagten, die Hälfte der Ungarnflüchtlinge hiesse Esterhazy, das bedeute gar nichts. Jedenfalls sehen sie nicht gerade adelig aus, wenn sie am Bahnhof aussteigen und vom Dorfpolizisten im Konvoi durchs Dorf zum Pfadfinderheim geleitet werden – die Ungarn mit ihren Bastkoffern und verrumpfelten Wollstrümpfen.

Der Krieg sollte dann doch vorbei sein, auch im unversehrten Land. Isabella wollte nichts mit Wollstrümpfen und Bastkoffern zu tun haben, sie kam mit einem beigen Lacktäschchen daher und trug ein crèmefarbenes Béret auf dem hochgesteckten Haar. Und Mutter stand ihr in nichts nach, als sie aus dem Cockpit winkte, an diesem ersten Tag der neuen Zeitrechnung.

Wo aber um Himmels Willen sollten wir sie nur standesgemäss unterbringen, die Isabella? Das eisenbereifte Ungetüm von einem Heuwagen, das der Grossvater stolz von einer Gant nach Hause gebracht hatte und nur einmal im Jahr Verwendung fand, musste aus der Scheune raus und vorläufig unter Blech und Blachen, wie so vieles auf dem Hof. Es gab, wie gesagt, Höfe, die vor lauter Zugedecktem rundum kaum noch zu sehen waren. Mit gepressten Schilfplatten auf Dachlattengerüsten wurde im vorderen Teil der Scheune eine Art Garage gebaut, mehr konnte Vater beim besten Willen nicht für sie tun. Dabei war er es gewesen, der sie in einem wilden Entschluss von heute auf morgen auf unseren Vorplatz genötigt hatte.

Denn die Borgwards aus Bremen sollten die Mercedese der Mittelschicht werden, ihre Coupés sollten diejenigen von Mercedes-Benz sogar überflügeln. Das Borgward Coupé kam dann auch über Nacht zu frivolem Ruhm, als die Edelprostituierte Nitribitt die Edlen des deutschen Wirtschaftswunders darin verführte. Man konnte die Sitze tatsächlich mit einem Griff in bequeme Rücklage bringen. Oder war es in einem 190 SL gewesen, dem Sechszylinder mit Trockensumpfschmierung, siebenfach gelagerter Kurbelwelle und Pendelachse? Eines der ganz grossen Tiere, wie es hiess, solle sie umgebracht haben. Oder war es doch der Freund gewesen, dieser Versager? Wem gehörte der Lodenmantel? Wer sah das Coupé zuletzt? Wer bezahlte ihre Nerzstola?

Die ersten Serienhersteller der erschwinglichen Dinge von Welt konnten sich freuen, man wollte jetzt für etwas Glamour in Frage kommen. In jeder Boulevard-Postille waren sie abgebildet – die verführerische missratene Tochter der Isabella-Familie und der verwöhnte Sohn aus dem Hause Mercedes. Wir hatten das Familienmodell. Die Rinderknechts hatten auch eines bestellt; der Sohn konnte sein Schlagzeug, mit dem er auf Turnfesten tourte, bequem im Kofferraum verstauen. Die Welt war damit angekommen auf den Höfen von Badersdorf, wenn sie auch vorerst in Pressplattenverschlägen hausen musste.

Wir setzten uns alle einmal probehalber hinein, als sei der Wagen zum Fahren zu schade. Vater erklärte die Vorzüge der Extras. Grossmutter schaute skeptisch aus der Haustüre zu, Grossvater war nicht zu sehen. Er war bereits dagegen gewesen, dass Vater statt eines Traktors einen Willys Jeep gekauft hatte, einen der ersten, die zerschossen im Eisenbahnwagen von Italien ankamen. Der grosse weisse Stern war noch lange auf der Kühlerhaube zu sehen. Die Amis hätten bei der Invasion gar keine Ersatzteile mitgenommen, hiess es, sie seien bei Defekt einfach in einen anderen Jeep umgestiegen, darum seien sie per Quadratmeter zu haben, sagte der Vater. Jedenfalls hatte es ihm der findige Dienstkollege so eingeflüstert, der die Jeeps durch den Gotthard brachte. Er brachte auch gleich ein paar Salami mit, von denen es nach dem Krieg geheissen hatte, sie enthielten Menschenfleisch von ermordeten Nazis oder Kommunisten, je nachdem.

Wir assen sie trotzdem, die kostbaren Scheibchen, die einmal nicht nach Rauch schmeckten. Meinem Vater gefiel es jedenfalls, sich mit dem Jeep von den anderen Bauern abzusetzen, die er ab und zu als Mostköpfe bezeichnete, wenn sie in der Braunviehkorporation, der er turnushalber vorstehen musste, wieder einmal jede Neuerung abschmetterten oder versanden liessen. »In die Wege leiten«, sagte der alte Ratgeb immer, was soviel heisse wie nie. Sollten sie auf ihren langsamen Traktoren doch verregnet werden, diese Mostköpfe, unser Jeep fuhr hundertzehn. Jedenfalls zeigte das der Zeiger in der Art eines Strohhalms grosssprecherisch an, so wie alles schnell und frisch war an diesem Gefährt, das ich später in die Studentenszene einführen sollte.

War mit dem Jeep der gute Louis Armstrong angekommen, so kamen mit der Isabella die Evergreens des Radioorchesters. Unser neues Radio, das gleichzeitig ein Wecker war, bestand selbstverständlich aus dem gleichen beigen Bakelit. Einmal nicht aufgepasst, schon zogen sich dicke Sprünge durchs Gehäuse, die man mit Tischlerleim vergeblich zu flicken versuchte. Sie waren noch brüchig, diese ersten schnellen Wunder, man verzieh ihnen alles, etwa der Hoover-Kugel, dem schwebenden Staubsauger, der an jedem Teppichrand hängenblieb, oder der Waschkugel mit der Kurbel, die schon nach drei Wochen die Brokkenhäuser überschwemmte? Vermutlich waren sie dem Sputnik nachempfunden, der auch eher aus Zufall denn aus Berechnung wieder heil auf der Erde gelandet war.

Dass es uns Kindern auf dem Rücksitz der Isabella jämmerlich schlecht wurde, schon in den ersten Kurven, war der Preis, den wir zahlen mussten. Wir waren das Autofahren noch nicht gewöhnt. Auch die Reichen mussten sich erst ans Fliegen gewöhnen. Die Isabella war, vielleicht weil sie in Bremen gebaut wurde, mehr ein Schiff als ein Automobil, jedenfalls in den Kurven. Auf Schnee war sie geradezu lebensgefährlich. Die Firma Borgward ging denn auch nach ein paar Jahren ein. Weil sie für jedes Modell komplett eigene Teile herstellte, anstatt sie aufeinander abzustimmen, meinte mein Bruder. Die Brasilianer oder Mexikaner kauften das Werk für ein Butterbrot und produzierten die Modelle weiterhin, wahrscheinlich auf Wunsch von Evita Peron oder weil es auf den dortigen Strassen mehrheitlich geradeaus geht.

Aber vorerst war Isabella die Königin der Strasse, vor allem der Passstrassen, dem Laufsteg jedes ersten Familienwagens. Vater quälte die arme Dame auf jede in einem halben Tag erreichbare Passhöhe hinauf, dabei war gerade dieses Modell für die Berge am allerwenigsten geschaffen. Wir standen in jeder geeigneten Alpwiese mit geöffneter

Motorhaube, von Kühen angegafft. Wir Kinder mussten den süssen Tee aus den Flaschen leeren und im nächsten Bergbach Wasser zum Kühlen holen. Die Mutter blieb sitzen, weil sie am Sonntag nicht auch noch in eine Kuhwiese treten wollte. Wir schoben das Auto an und sprangen im Fahren auf, wenn sich der Motor stotternd wieder meldete, wir holten Benzin in einem Stiefel, weil die Anzeige bei Steillage auf Halbvoll wies statt auf Reserve, und einmal musste Mutter einen Strumpf opfern, der bis zur nächsten Garage als Keilriemen diente.

Aber die bis auf den letzten Platz besetzten Familienwagen mussten über die Pässe, meist gleich über mehrere hintereinander: Klausen – Furka – Grimsel – Brünig oder: Kerenzer – Oberalp – Gotthard; sogar ins Wallis hinunter und wieder zurück an einem einzigen Sonntag war im Bereich des Möglichen, allerdings nicht Machbaren für eine Isabella, die bestenfalls für einen Ausflug in den Taunus geschaffen war. Aber wir wollten an den armseligen Alpenrosenverkäufern vorbeifahren oder an den Kindern mit ihren Kristallen am Wegrand, die noch die gleichen verrutschten Wollstrümpfe trugen wie die Ungarnflüchtlinge – und keine drei Jahre zuvor auch wir Unterländer Bauernkinder noch.

Jetzt war aber Nylon angesagt. Die Dame stieg aus der Isabella, indem sie die Beine geschlossen in Schräglage aus dem Sitz drehte, die Stöckelschuhe aufrichtete und sich mit einem leichten Ruck von der Raumfähre abstiess. Dabei durfte ein Irish Setter vom Rücksitz nach vorne springen, oder man griff hinter sich nach dem Cape. Beim 300 SL Flügeltürer geriet das Aussteigen geradezu zum Kult. Die Türen öffneten sich nach oben. Man konnte gar nicht genug davon kriegen, mit zumindest einer hochgeklappten Tür an der Gartenwirtschaft vorbeizufahren. Später, an der Kreuzung, griff man dann wie beiläufig hoch, um beim Anfahren den Flügel langsam herunterzuholen und gleichzeitig mit einem Aufheulen so richtig durchzustarten. Der 300 SL war das Ultimative. Er kam jedoch für niemand in Badersdorf in Frage, auch wenn er das Geld dazu gehabt hätte. Er gehörte definitiv zum nahen Flugplatz oder auf das erste kurze Autobahnstück, das drei Innerschweizer Dörfer entzweischnitt, als wären es Käswähen. – So oder so, die Modelle des eigenwilligen Herrn Borgward aus Bremen waren nicht von dieser Welt. Hierher gehörten die soliden Opel, und diese hiessen immerhin auch: Kapitän, Admiral und Diplomat.

Aber uns war schlecht! Bald fanden wir die Passfahrten gar nicht mehr lustig, weil meistens noch Verwandtenbesuche angehängt wurden, die vor Isabellas Erscheinen zum Glück ausser Reichweite gelegen hatten. Schreckliche Langeweile mit angeblichen Cousins in irgendwelchen Stuben, nachdem man erst lange um die Isabella hatte herumstehen müssen. Nicht enden wollendes Kaffeekochen und Auftischen, wo man doch gleich wieder hätte gehen können, man hatte sich ja gesehen. Fotoalben wurden über Sofas gereicht von Ausflügen über: Klausen – Furka – Grimsel – Brünig oder: Kerenzer – Oberalp – Gotthard – Klausen, wo man doch gerade herkam. Hauptsache Alpenrosenmädchen, glotzende Kühe an der Kurve, der Schillerstein, über den See aufgenommen (Pfeil), das Brissago-Inselchen mit Palmen, die hängenden Riesensalamis in den Arkaden von Lugano, eine Wiese, vermutlich das Rütli, der winkende Eisbär auf dem Rhonegletscher, der Munot als gezackte Postkarte, das klotzige Suworow-Denkmal, die jämmerliche Murtenlinde, die Kirche von Wassen dreimal, die Arena von Augusta Raurica ohne Menschen, der Rheinfall durchs farbige Glas fotografiert, die Kappelbrücke, die Eiserne Jungfrau auf der Kyburg mit Eugen drin, Hans Waldmann auf seinem Sockel vom Grossmünster aus, vollends ein tapferes Schneiderlein geworden, der traurige Bärengraben, das Gnu im Zoo hinter einem Gebüsch (Pfeil), das Bourbaki-Panorama in Luzern... jeder fromme Schweizerknabe konnte dieses Panoptikum unter die geschlossenen Augendeckel projizieren, wenn er sich todmüde und bleich wie ein Faltbein am Sonntagabend frühzeitig ins Bett zurückzog, was nun wirklich das Aussergewöhnlichste war.

Der erste Blechschaden war auch bald eingefahren. Isabella hatte es nicht lassen können, auf besagtem Autobahnstück im Schneetreiben Pirouetten zu drehen und war zum Glück in der Schneemad gelandet. Einmal fuhr ein Velofahrer in die geöffnete Tür und überschlug sich zweimal ins Gras. Verkehr musste erst gelernt werden, und zum Landen gab es noch Platz. Es gab aber auch noch jede Menge Alleebäume, wo bald an jedem dritten angebundene Gladiolen verwelkten. Knautschzone war ein unbekanntes Wort, man war sie selbst. Unser Willys Jeep, in welchem vor der Isabella die ersten schüchternen Ausflüge stattgefunden hatten, war statt einer Stossstange mit einer Eisenbahnschiene bewehrt; es gab kein Sicherheitsglas, die Scheibenwischer mussten mit einer freien Hand gedreht werden, Zündschlüssel unbekannt – wo hätte man ihn im Sperrfeuer vor dem Monte Cassino auch noch lange suchen sollen. Dass man sich eines Tages würde anschnallen müssen, wäre ein fast obszöner Gedanke gewesen. Unfälle verliefen entweder glimpflich oder tödlich, von den Autorennen gar nicht zu reden; sie wurden auf Betreiben kirchlicher Kreise alsbald verboten. Es gab immer noch Kantone, die Fahrausweise geradezu verschenkten. Der erste Deux Chevaux hatte nur einen einzigen Scheinwerfer, man durfte raten, ob es sich bei einem entgegenkommenden Fahrzeug um ein Motorrad oder um ein Automobil handelte und ob genug Platz war, um an ihm vorbeizukommen. Denn Strassen wie zum Beispiel die gefürchtete Axenstrasse waren oft kaum breiter als ein Fuhrweg, Tunnels waren unbeleuchtet. Aargauer und Belgier, die letzten ohne Fahrprüfung, waren geradezu gefürchtet und verführten zu üblen Witzen, wie sie immer dann entstehen, wenn man kurz zuvor noch im gleichen Boot gesessen hatte.

Immerhin: Die Versicherungen hatten noch nicht das Sagen. Gelegenheiten, sich durch kleinere oder grössere Unfälle belehren zu lassen, waren also reichlich gegeben – das Gebot, auf Aufmerksamkeit statt auf Sicherheit zu setzen, ebenfalls. Man brauchte keine Meditationskurse, um es zu üben; über Gesundheit durfte man noch Witze machen.

Rasch kamen die Veränderungen, Isabella hatte zu lange kokettiert; man fand sie eines Tages auf dem Teppich wieder, sie war auch nur ein Mensch. Mageninhalt: Currywurst und Bier. Unterlage: Nadelfilz mit Brandlöchern. Bald musste sie Hühnerfutter holen von der Rampe der Landwirschaftlichen, wenn sie bleiben wollte, und manchmal ein junges Schwein vom Zuchthof neben der Flugpiste, die sich jedes Jahr tiefer in die Äcker und Streuwiesen frass.

Der Lauf der Dinge will keine Marotten. Ihre Kemenate musste sie bald mit dem frechen Cooper S meines ältesten Bruders teilen, der gerade die Mechanikerlehre absolviert hatte und den Unfallwagen günstig erwerben konnte. Später, als es auch noch ein Ford Shelby mit Überrollbügeln sein musste, war kein Platz mehr für die rundliche Tante. Sie landete wie alles, was aus dem Epizentrum eines allmählich von Agglomeration bedrängten Hofes in immer rascherer Folge hinausgeriet, aufgebockt unter Blech und Plane. Dass mein Bruder die Reste Isabellas Jahrzehnte später für teures Geld dem Borgward-

Klub Schweiz verkaufen würde, hätte niemand auch nur zu träumen gewagt.

Auf dem Parkplatz des Gotthard-Hospizes standen sie Jahrzehnte später in Reih und Glied aufgereiht, am 10. Europäischen Borgward-Veteranentreffen, die ersten vollschlanken Vedetten der Nachkriegsjahre. Keine hatte mehr Hühnerfutter auf dem Teppich. Die gelifteten Mini Coopers und nachempfundenen Shelbys, die auf Teufel komm raus nicht erwachsen werden wollten, schlichen im Stau unbeachtet vorbei, von den gesichtslosen Sicherheitscontainern mit ihren Airbags und Navigationsscreens ganz zu schweigen.

Unsterbliche sterben früh… Isabella war eben noch ein Wagen!

*

Unser General

Was auch immer dazu beigetragen hatte – dass sie verschont geblieben war, die Aktivdienstgeneration, man schrieb es der Armee zu, dem Karabiner im Kasten und allem voran dem General zu Ross, der in der guten Stube eines jeden Badersdorfer Bauernhauses hing, obwohl er nicht gerade wie ein Bauer aussah. Vielleicht war es auch das Pferd gewesen, das ihn dem Bauernstand nahebrachte. Der General liebte Pferde, und ein Pferd gilt mehr als ein Soldat. Von Granatsplittern aufgeschlitzte Pferdebäuche im Ersten Weltkrieg waren für manchen Bauern der Anlass gewesen, sein Gewehr wegzuwerfen und schnurstracks Richtung Heimat zu laufen, mochte man dafür an die Wand kommen oder nicht.

Noch Jahre nach dem Krieg war er an jeder Pferdeschau zu sehen, unser General, und nahm Gladiolen entgegen. Einmal durfte ihm unsere Lehrtochter die Hand schütteln. Er war ein »Rösseler«, immerhin, und unser Pferd war auch ein »Eidgenoss«, gut genug, um einer Kanone vorgespannt zu werden.

Die Eltern hatten im Krieg geheiratet, der Vater bekam übers Wochenende einen Tag länger Urlaub. Aber weil die »Eidgenossen« auch einrücken mussten und die Anbauschlacht tobte, durfte per Bundesgesetz nur vierspännig geheiratet werden, also höchstens mit zwei Kutschen. Mutter rechnete es Vater hoch an, dieses Verbot kurzerhand missachtet zu haben. So war Vater eben. Es wurde achtspännig geheiratet, basta, die Oberdörfler brachten ihre ausgemusterten Mähren auf den Hof, und der Dorfpolizist schaute weg. Auch der General hätte weggeschaut, er war schliesslich ein Welscher, und Welsche sind galant.

Da war der General des ersten Krieges von anderer Art gewesen. Er stieg zwar auch gern aufs Ross, aber Pferdebäuche wären ihm egal gewesen, so wie er im Sattel sass, einen Arm abgewinkelt, die Peitsche in der Hand. Da wusste Grossvater Müsterchen vom Kaiserbesuch. Er hatte beim Manöver des 3. Corps die Pickelhaube des Kaisers sogar von weitem gesehen. Hin- und hermarschieren bis zum Umfallen unter jedem geeigneten Balkon – so musste man Grossvater nicht kommen! Armeen hatten den Bauern nie Gutes gebracht.

In Arbeiterwohnungen war er weniger anzutreffen, der welsche Junker, dort hätte es wohl ein Kaninchen sein müssen, um ihn übers Küchenbuffet zu bringen. Aber er war ein Badersdorfer, auch wenn er auf seiner Reise vom Ostteil des Landes in die Bundesstadt nur notgedrungen durchgefahren war. Denn niemand kam um Badersdorf herum auf seinen Wegen vom Bodensee herab und umgekehrt, von Genf nach München oder Wien. Auch nicht alljährlich die Tour de Suisse auf ihrer letzten Etappe in die offene Rennbahn im eingemeindeten Dotlikon vor den Toren der Stadt. Anhalten mochte allerdings niemand, bevor Microsoft sich hier niederliess.

Pferd oder Kaninchen – niemand sprach schlecht über den General. Höhere haben sich nicht gemein zu machen, das sehen selbst Untergebene so, weshalb sollte es sich sonst lohnen, einer zu werden. Und Korporal oder Feldweibel zu werden, durfte man sich immerhin ausrechnen, aus jedem Stand. Vater hatte es bis zum Gefreiten gebracht, zu seiner eigenen Überraschung, wie er immer verschämt sagte. Und mit Landesverrätern machte der General kurzen Prozess, auch ein Fabrikantensohn vom Untersteg kam beinahe an die Wand. Da musste er Badersdorf wohl wahrgenommen haben, unser General. Vater zeigte uns die Einschusslöcher hinter dem Landesmuseum in der Stadt, wo alljährlich ein präparierter Riesenwal gezeigt wurde, mehr als zwei Eisenbahnwagen lang. Es war das einzige Sonntagsziel, das wir nicht mit der Isabella ansteuerten, weil neben dem Bahnhof schlecht zu parkieren war. – Da haben sie gestanden, sagte Vater, vom Pfarrer begleitet, und um ein Haar auch der Baumgartner. Man habe einen Brief abgefangen auf der Post. Wäre der alte Baumgartner nicht Oberst gewesen, wer weiss, ob er nicht auch hätte hinstehen müssen, sein liebster Schulfreund und späterer Student. Der Verräter war mit meinem Vater durch alle Schuljahre gegangen und immer an unserem Küchentisch gesessen, obwohl er »ein Besserer« war. Vater zeigte jeweils auf den Stuhl, der mir, dem Jüngsten zugewiesen war und vorher offenbar dem Gast. Nun sass er in der Strafanstalt Hagendorf, der junge Baumgartner, jenseits des Flugplatzes. Er habe eben einen »Seich« gemacht, sagte Vater jeweils, Studenten machten eben Seich. Aber andere hätten auch Seich gemacht und seien bereits älter gewesen.

Und er habe ihn wiedergesehen von der Empore herab, sagte Vater, einmal im Jahr, wenn er an der Auffahrt vom Singen an den Mittagstisch zurückkam. Jeder sitze in einem kleinen Holzgeviert, damit sie keine Ausbruchspläne schmieden könnten. Vormals habe er auch im Männerchor Badersdorf gesungen – ein hervorragender Tenor, der Baumgartner. Aber er schaue nie hoch, wenn sie, seine Schulfreunde, auf der Empore stünden, um den Gefangenenchor von hinten gesanglich zu unterstützen.

Und Verdi sei ihm der Liebste…

*

Bengalisches Feuer

Auch wir Jungturner hatten in der Turnhalle zu warten, bis der Gemeindepräsident seine Rede beendet hatte. Darum stand unser Oberturner im Torbogen zum Pausenhof des Schulhauses Alpenrain und lauschte. War der schüttere Applaus verebbt, dann kam unser Moment. Der Abwart löschte die Scheinwerfer, und lautlos, wie eine Balletttruppe, trabten wir auf den dunkeln Pausenplatz hinaus. Denn zu keinem anderen Anlass als zur Bundesfeier am 1. August hatten die Vereine anzutreten. Die Blasmusik schmetterte forsche Märsche, der Trachtenverein überreichte Kornblumen, zwei Jünglinge vom militärischen Vorunterricht schulterten Füllhörner, und wir vom Turnverein hatten drei Pyramiden zu stehen: den Eiffelturm in Grün, die Pfingstrose in Rot und Eiger, Mönch und Jungfrau in Blau.

Drei Wochen vor diesem alljährlichen und immer gleich verlaufenden Ereignis fingen wir am Freitag noch kurz vor dem Duschen an, diese drei Pyramiden zu proben. Natürlich waren nie alle vorgesehenen Turner anwesend, was regelmässig zu den gleichen peinlichen Ergebnissen führte, die uns die mit Abzeichenbändern behängten Senioren hinterher erst beim dritten grossen Bier verzeihen mochten. War es schon bei Licht heikel genug, eine mindestens dreistöckige Pyramide aufzubauen – einer auf Kopf und Schultern des andern lastend, dazu die seitlichen und obersten im Handstand –, so war es im Dunkeln vor dem Rednerpult eigentlich ein Ding der Unmöglichkeit. Nicht umsonst übten Zirkusartisten oder Polizisten mit ihren Motorradpyramiden täglich oder jedenfalls wöchentlich übers ganze Jahr.

Aber es musste sein, man konnte nicht mehr ohne Gesichtsverlust hinter diese fatale Idee zurück, die unser Präsident vor dem Bundeshaus gehabt hatte, als er das Nationalkader des Eidgenössischen Kunstturnerverbandes als Pyramide in bunten bengalischen Farben hatte erstrahlen sehen. Dabei hatte jedes Kaff seine bengalische Pyramide. Das würden wir doch allemal auch zustande bringen!

Der Teufel im Detail war bereits am Werk, als sich die kräftigsten Turner der untersten Reihe, meist behäbige Schwinger, im richtigen Abstand aufstellen sollten. Unterdrücktes Fluchen schon am Anfang, wenn die zweite Staffel auf die Schultern und Köpfe der ersten steigen sollte, um das Gerüst zu bilden, auf dem die Krone sitzen bzw. stehen würde. Inzwischen hantierte, ebenfalls im Dunkeln, Ferdi Plüss, der Apotheker am Bahnhof, mit seinen bengalischen Pulvern in der Blechwanne, die zugleich ein Reflektor nach vorne war, denn nichts anderes als die Pyramide sollte im bengalischen Licht aufflackern und nach ein paar Sekunden wieder erlöschen.

Aber wie lange sind ein paar Sekunden, wenn der Brand auf keinen Fall zu kurz ausfallen darf. Wir würden auszuharren haben in unseren strahlenden Verrenkungen und Schulterständen mit abgequetschten Ohren, mit von Kieselsteinen gespickten schwitzigen Fusssohlen auf dem Kopf oder Ellenbogen im Gesicht, bis das letze Krümelchen von Ferdis Pulver verzischt war und sich wieder der erlösende Vorhang der Dunkelheit über Laokoons Leiden senkte. Zündete er aber zu früh, und es war immer zu früh, weil immer die Gleichen – ohne Namen nennen zu wollen –, welche nicht zur Probe gekommen waren, noch am Handstand übten, während das Grün schon aufflakkerte, weil sie nicht wussten, wo sie sich anzulehnen hatten, und die in der nächstoberen Reihe erst recht nicht, mit welcher nicht freien Hand sie den unteren am Fussgelenk hätten fassen sollen.

Dazu kam, dass einige, einfach ein Bein oder eine Hand fassend, schräg auf beide Seiten des Gebildes hinauslehnen sollten. Das Heikle für die ohnehin schon schwankende Pyramide war jedoch, dass beide Seiten ihr Gewicht genau zur gleichen Zeit in die Schräge zu bringen hatten, ohne die Pyramide unweigerlich zu Fall zu bringen. Wie aber wussten sie, im Abstand von fünf Metern im Dunkeln und im Geraune allgemeinen leisen Fluchens, wann der richtige Moment gekommen war?

Natürlich versuchte unser Oberturner, im Dunkeln vor der bengalischen Wanne im Knie, das Ganze mit diskreten Zurufen zu koordinieren, aber es wäre nicht alljährlich gleich herausgekommen, wenn dies bei den gegebenen Umständen jemals einen Sinn gehabt hätte. Und so präsentierte sich unser Turnverein vor der versammelten Gemeinde jedes Jahr im denkbar schlechtesten Licht – und auch noch einem bengalischen.

Um so mehr strahlten wir, die wir glaubten, ungefähr in der richtigen Positur zu sein, während von unten gepresstes Stöhnen zu vernehmen war und oben zitternde atemberaubte Totenstille herrschte, kopfunter, vier Meter über dem gnadenlosen Asphalt des Schulhofes. – Und das Grün wollte und wollte nicht zu Ende kommen, ein letztes Klümpchen konnte noch lange flackern und dann in ein gemütliches normales gelbes Feuerchen übergehen; und solange Licht war, durfte nicht voneinander gelassen werden, mochten die ewig gleichen, die nie zur Probe, die aber hinterher den Latz am weitesten aufrissen und andere beschuldigten, noch lange ihren Handstand versuchen.

Aber es kam ja noch Blau und Rot. Und die Kräfte, vor allem der Handsteher, waren nach dem ersten Bild definitiv schon am Ende.

Das Schlussbild: Eiger, Mönch und Jungfrau sollte in

der Weise den Höhepunkt bilden, dass die Knirpse der Jugendriege mit einbezogen werden sollten, wie es unser Präsident formulierte. Also reihten sie sich ein, indem sie lichtblind, wie sie waren, weil ihnen niemand, auch noch nicht die Erfahrung, nahegelegt hatte, auf keinen Fall direkt ins gleissende Feuer der vorangegangenen Bilder zu blicken, um und durch uns hindurchrannten, um ihr Plätzchen zwischen den Beinen der Schwinger zu finden.

Wie das über die Jahre hinweg unter den gegebenen Umständen ohne ein einziges Schädel-Hirn-Trauma als Folge eines Sturzes aus vier Metern Höhe auf blanken Asphalt über die Runden ging, hat noch nie jemand vor mir als unglaublichen Erfolg gewertet.

Wie gesagt, am Seniorentisch war man anderer Meinung. War es doch in der Gemeindechronik fotografisch bezeugt, dass unter ihnen einer auf dem obersten Geländer des Eiffelturms einen sauberen Handstand drückte – als noch kein Gitter angebracht war, wohlverstanden. Das war nichts Ungewöhnliches; auf keiner Turnfahrt konnten sie es lassen, ihre Schnauzbärte und Handstände vorzuführen, sobald eine Kamera ausgepackt wurde.

Nur unterdrückten ihre geblendeten Seniorenhirne, dass der bare, allein mit Kraft gedrückte Handstand in den Jurywertungen schon lange auf das unterste Niveau gefallen war, seit mit der Mehrzweckhalle Begriffe wie Kreativität und harmonische Eleganz geläufig wurden.

Wie auch immer, Senioren haben gut reden. Die Stimmung war auch so auf null.

Behielten wir auf kantonalen und eidgenössischen Festgeländen unsere überaus schmucken weissen Kunstturnerkostüme, welche die maskulinen Züge des Oberkörpers und des Hinterns mit dem femininen der Ballettschühchen zu einem für den Frauengeschmack – heute wissenschaftlich erhärtet – unwiderstehlich attraktiven

Bild vereinigte, so lange wie möglich an, so herrschte nach der verflixten Pyramide jedes Mal böses Schweigen beim sofortigen Umziehen ohne Duschen. Man hatte die Nase wieder einmal gestrichen voll und schwor, sich solches nicht noch einmal anzutun. – Oder nur unter der Voraussetzung, dass eine saftige Busse in die Festkasse die immer gleichen – ohne Namen zu nennen – zwingen würde, an den Proben teilzunehmen.

Damit war die Katastrophe fürs nächste Jahr schon eingefädelt; denn hätte man alle, auch in anderen Belangen Namenlose, zur Kasse gebeten, dann hätte sich unser Turnverein Badersdorf sofort in bengalischen Rauch aufgelöst.

Aber spätestens um Mitternacht, vor dem Harras Bier an der Glut des verglimmenden Höhenfeuers beim Reservoir über Badersdorf, war der Ärger verraucht. Ehrensache war es für die Jungturner und älteren Mädchenrieglerinnen, bis zum Morgengrauen auszuharren, erst recht, wenn einige von der Knabenmusik noch ihre Saxofone holten und sich an Glenn Miller versuchten. – So wurde die Nacht der Höhenfeuer inoffiziell doch noch, was sie ursprünglich einmal war: ein Fruchtbarkeitsritual und Sonnenfest, mit oder ohne Kunstturnerkostüm.

Die Sonne jedenfalls sah die Badersdorfer Jugend am Morgen verstreut im Gras verschlungen oder am Feuer schlafend. Ein gezacktes Chamois-Bild zeigt uns Burschen mit zerknitterten Lampions auf dem Kopf in die letzte Glut pissen, bevor wir direkt zur Lehrstelle oder Schule mussten.

Denn der 1. August, auch wenn die Tatsachen der dörflichen Verhältnisse jedes Jahr krass dagegen sprachen, war noch kein offizieller Feiertag.

*

Frau Pellegrini

Tauschen erst mache den Menschen aus. Kann sein. Kindern muss man es jedenfalls erst beibringen, von sich aus wollen sie nichts loslassen. Um so mehr, wenn es um Frau Pellegrinis »Bärendreck« und »Ticky«-Pulver geht oder um Pferde, die die Bauern in Badersdorf notgedrungen tauschen mussten, weil kaum einer zwei durchzufüttern vermochte.

Haben Kinder das Tauschen aber einmal begriffen, auf den Schulhöfen zum Beispiel, dann wollen sie nichts anderes mehr. Und viele auch für den Rest ihres Lebens nicht. Was unterscheidet den Kaufmann vom Krämer? gab uns der Lehrer als Aufsatzthema in der sechsten Klasse. Ich bekam eine Drei, wie ich mich entsinne. Mir war nichts Gescheites dazu eingefallen, Hauptsache doch, es kamen Münzen herein. Was mein Freund Erwin dazu schrieb, wüsste ich heute allzu gern, er, der aus Prinzip auf beide Herren pfiff.

Mädchen bevorzugten jedenfalls die Zuckererdbeere im Zellophan mit dem goldenen Freundschaftsringchen darin. Sie lag in der Schachtel zuvorderst, weil die Grösse des Ringchens schon vorgab, wie hoch zu greifen einem zuzutrauen war.

Frau Pellegrini kam wegen jedem Rappen grusslos hinter einem wollenen Vorhang hervor, sagte: »Che desidera?«, was immer das hiess, und wartete stumm. Denn es konnte Minuten dauern, bis man sich schlüssig war. Alle vorgefassten Kaufentscheide, restlos alle, wurden im letzten Moment vor der schieren Verführung ihres Kiosks noch zehnmal umgestossen. Das offensichtliche Missverhältnis zwischen der Diversität ihres Angebots und den paar kümmerlichen Münzen in der eigenen Hand war einfach zu krass. So war die Welt der Erwachsenen, in die wir hineinwachsen sollten: Sie versprach alles und hielt nichts!

Frau Pellegrini wartete, legte wieder zurück, was ihr bereits in die Hand gereicht worden war, und nahm Neues entgegen: Mohrenköpfe, Schleckmuscheln, süsssaure Schleckstengel, Fünfermocken, Sugus Zeltli. Bevor die Bande nicht zur Tür hinaus war, tat sie das Geld nicht in die Kasse. Bevor die Klangstäbe nicht ausgeklungen hatten und das Zellophan nicht aufgerissen war, war nichts entschieden. Die Rappen waren einfach zu knapp, als dass man nicht auf die letzte Eingebung hätte warten wollen, die man sogleich bedauerte, kaum dass der Mohrenkopf halb abgebissen war. Die Muschel hätte länger gehalten, von der Bärendreckschnur wäre Ende Woche noch abzubeissen gewesen. –

Und es sind meistens die Falschen an der undankbaren Front, die den Zorn der Enttäuschten abbekommen, ob sie Kaufleute sind oder Krämer, ob Frau Pellegrini oder der Schulabwart, der die verbotenen, noch warmen Kaugummis täglich von seiner Klingel kratzen musste, die ihn über fünf Stockwerke herunterzwang. Warum musste er auch im obersten Stock des Schulhauses wohnen und jede eingeschlagene Scheibe persönlich nehmen. Oder Frau Pellegrini – die Mohrenköpfe, die langsam an ihrem Fenster herunterliefen, konnte sie gleich wieder haben. Hatten wir das Nicknegerli der Sonntagsschule um die zweite Münze beschissen, um diese längst abgelaufenen, nach Petrolium riechenden Mohrenköpfe zu bekommen?

Darum lieber klauen. Geklautes war immer das Richtige. Erwin, unser Grossmeister, beschäftigte sich denn auch nicht mit quälenden Fragen. Er konnte verschenken! Wäre es vor Frau Pellegrinis Laden schon um Mädchen gegangen, sie wären ihm zu Füssen gelegen, dem kundigen Helden, der das kopfgrosse Kellerfensterchen der Papeterie mit einer Drahtschlinge aus den Angeln hob und mit dem meterlangen Stil von Grossvaters Apfelpflücker die erlesensten Neuheiten aus dem Weihnachtskatalog nach hinten über die Schulter reichte. Es wäre nicht wegen des Geldes gewesen, das er lose in der Hosentasche trug – die Pilotenkinder hatten möglicherweise mehr –, es war seine stille Kühnheit, seine Souveränität, vielmehr Integrität im Bösen, welche Mädchen wie Knaben beeindruckte. Denn war es nicht der mit »Neu!« abgebildete Tinky-Toys Euclid R 5 C, sondern der R 4 B vom letzten Jahr, dann legte er die Schachtel im Maul des ledernen Pflückgeräts millimetergenau wieder auf die Beige zurück, von der er sie gepflückt hatte. Man wirft keine Steine in den Brunnen, aus dem man noch lange zu trinken gedenkt. Wer stiehlt, muss warten können – im Knast muss man länger warten.

Unser Erwin war eindeutig ein schwerer Junge, wie man sagt, er war für Grosses vorgesehen. Er hatte etwas begriffen, was nur Erwachsene insgeheim wissen, oder sogar nur auserwählte Erwachsene, nicht einmal der siebenkluge Hiram Holliday aus dem Fernsehen, der mit seinem Schirm die Bösen verdrischt: Dem lieben Gott ist es egal, wem der Schlüssel zum Safe gehört. Wem sollte es auch schaden, wenn man die ersten Pfandflaschen, die man an der Kasse abgab, von der hinteren Rampe der Landwirtschaftlichen Genossenschaft noch einmal in Umlauf brachte? Es waren ja leere Flaschen, niemandem wurde etwas genommen, und die Flaschen waren nachweisbar immer noch da, auch ein drittes Mal. Allerdings riet Erwin zu kühlem Kopf, beim vierten Durchgang sollten wenigstens die Etiketten abgelöst werden, und man sollte Abstände einhalten. – Dass er dann doch in die Anstalt kam, hatte mit dem Aufkommen der Mofas zu tun, aber so weit war es noch lange nicht; ich hatte noch ein paar Jahre Zeit, um von seinem Realitätssinn zu profitieren.

War ich aufgrund der Umstände ein fast unmöglich zu kontrollierender Bauernbub, so war Erwin ein ganz Freier. Er wohnte im Armenhaus, wo man für jede Energieeinheit, die man beziehen wollte, im voraus ein Geldstück in diverse Automaten werfen musste. Ohne Münzen lief gar nichts. Selbst das Fernsehen ging nur frankenweise. Vor allem letzteres musste zum Stehlen geradezu zwingen, denn trotz Armenhaus hatten die Erwins den zweiten Fernseher im Dorf – nach dem Kasten auf dem Schnapsgestell des Hotels Sternen am Bahnhof, wo die ganze Gemeinde zwischen Pflümli und dem Zuger Kirsch das Begräbnis unseres lieben Generals verfolgte. Sein Pferd mit dem leeren Sattel wurde hinter der Lafette am Zaum geführt, weil auch es trauerte. Und eine tiefe Glocke schlug die ganze Zeit in langen regelmässigen Abständen. Später hätte sich Erwin die Gelegenheit nicht entgehen lassen, die Stunde der öffentlichen Ergriffenheit für Eigentumsverlagerungen zu nutzen, aber ich glaube, auch er war ein bisschen ergriffen von dem Pferd mit dem leeren Sattel. – Was mir viele Jahre später die letzte Berner Aristokratin über die unbekannten Seiten des Generals ins Ohr flüstern sollte, hat Erwin bestimmt schon damals vermutet. Aber er war nicht schlecht, mein Freund, nicht einmal frech, er war ein Realist und sah die Dinge einfach nicht so eng – da Fressen vor der Moral kommt, stand sie ihm naturgemäss einfach nicht im Weg.

Eine weitere Geldquelle stellte die Bäckerei dar. Der grosse Kiesplatz mit den Teppichstangen und den Seilen, an denen die Teigtücher trockneten, musste in Abständen gejätet werden. Also fragten wir nach, wenn wir wieder Grünes entdeckten. Jeder einen Fünfziger und den Gartenweg dazu, hiess es, und wir machten uns dran. Nun waren es aber zwei Bäcker mit Familie, die das Unternehmen betrieben, Zwillinge, zudem der eine blind, was uns beinahe risikofreie Raubzüge in die Kühlkammern und an die Bruchguetzli-Schubladen ermöglichte, deren Inhalt getrocknet und zu lebkuchenartigen Halbmonden verarbeitet wurde. Das hiess: Während der eine Bäcker arbeitete, schlief der andere und umgekehrt, das kam uns bei der Auszahlung zugute. Die Brüder sprachen sich über Tage nicht und hatten Wichtigeres zu tun, als untereinander auszumachen, ob wohl der Lohn des Jätens schon ausbezahlt worden sei oder nicht. Treuherzig kamen wir ein zweites Mal und bedankten uns höflich und schufen zugleich wieder Raum in der Schublade für zerbrochene Mürbesterne.

Es ging in allem entschieden um mehr, als in Serie Streiche einzufädeln, wie sie in gewissen Büchern der Jugendbibliothek beschrieben waren. Dafür brauchte es verknorzte bürgerliche Tanten und Onkels, die anscheinend den ganzen Tag nichts anderes zu tun hatten, als den frechen verwöhnten Bengeln als Zielscheiben zu dienen. Wir trieben nur die kleinen Räder an, die in die grossen griffen, wir waren die Entsorger von Abfallendem, die Mahner zu mehr Aufmerksamkeit im Detail durch Strafe der Entwendung. Wir betrieben den Sinn und Unsinn unserer Geschäfte mit demselben Ernst, den wir rundum bei den Erwachsenen beobachteten. Wir sahen: Spiele sind ernster als das Leben. Kaum haben sie begonnen, ist der angekündigte Spass vergessen. Wenn wir spielten, dann aus dem gleichen Grund, aus dem die jungen Hunde und Katzen spielen, es ging um die gleiche Geschicklichkeit und Schläue, die Überleben meint und die die Erwachsenen bei uns Kinderarbeitern handkehrum voraussetzten, auch wenn sie vorher geflucht hatten. Und woher hätte sie plötzlich kommen sollen, wenn nicht vom Spiel mit dem Feuer, das pro forma verboten war, aber insgeheim von Buben erwartet wurde? Woher hätten wir plötzlich Traktor fahren können, wenn es eilte und der ältere Bruder im Konfirmationsunterricht war, wenn nicht von den heimlichen Go-Car-Runden im Steinbruch? Niemand fragte, woher wir das Talent hatten, durch Gitterstäbe zu schlüpfen, wenn eine Tür von innen verschlossen war, oder woher wir wussten, wie ein Opel kurzzuschliessen war, wenn Onkels Schlüssel wieder im Getriebe der Wäscheschwinge klemmten. Hauptsache, es funktionierte wieder. Danke sagte man auch nicht.

Wie konnte ich mit Grossvaters Flobert-Gewehr die Stare im Kirschbaum treffen, wenn ich nicht vorher heimlich auf Büchsen geschossen hätte? Dass wir Schwarzpulver herstellten und Raketentreibstoff aus Unkrautvertilger, Terpentin und Zucker, ging allerdings zu weit. Zwei von uns landeten im Spital, als wir mit rotem Phosphor hantierten, der stossempfindlich ist. Das waren dann die Grenzen. Naturgemäss. Die Freude am Chlöpfen brachte dem Erwin später das Schützenabzeichen ein; der mit dem marmorierten Auge und der Fingeramputierte durften nicht in den Dienst. Wo gehobelt wird, fallen Späne, sagte Grossvater, der Rechenmacher. Es wurde gehobelt, und es fielen Späne.

Unsere Eltern spielten nie mit uns, und es kam uns im Traum nicht in den Sinn, es zu vermissen. Allenfalls gab sich ein Onkel oder eine Tante einmal dafür her, einen Spielpartner zu ersetzen. Wir spielten mit den farbigen Sandsteinklötzchen, die schon Grossvater aufeinandergestellt hatte, und mit den Holzabfällen aus seiner Werkstatt. Die krummen Nägel durften wir gerade klopfen, und rostige Schrauben und Drähte gab es in Mengen. Ausserdem standen haufenweise Maschinen und ausgeschlachtete Traktoren zwischen den Holunderbüschen um die Hühnerhöfe, oder auch ein in Aufweichung begriffener Fasnachtswagen auf einem abgelegenen Werkareal.

Wollte man ehrliche von luscher Rappenbeschaffung unterscheiden, so war hingegen die Feldmauserei geradezu ein respektabler Beruf. Er wurde in manchen Gegenden sogar professionell betrieben, meist von älteren Strafentlassenen oder stellenlosen Knechten. Pro Schärmaus bezahlte der Gemeindebeamte, je nach Gegend und Vermehrung der lästigen Haufenwerfer, vierzig Rappen, für die später geschützten Maulwürfe mit dem samtigen pechschwarzen Pelz einen Franken. Als Beleg für gefangene Mäuse dienten die abgehackten Schwänze, die wir aus einem blutverschmierten Papier vor dem Milchglasfensterchen des Kassiers ausbreiteten. Das waren astronomische Summen im Vergleich zu den Trinkgeldern, dem Maikäferlesen und Patronenhülsensammeln beim Schiessstand oder dem Rosshaarzupfen für den Sattler.

Aber man musste zuerst investieren. Die Steckfallen waren nicht billig, und sie mussten erst drei Wochen zum Anrosten vergraben werden, sonst wollte das Ringlein, das die Mäuse beim Laufen durch die Gänge wegstossen sollten, nicht zwischen den Drahtklemmen haften. Eine neue Falle zu stellen, erforderte grösstes Geschick, man konnte es nur um den Preis eingeklemmter Finger erlernen. Also hütete man sich, seine Fallen zu früh auszugraben, was Warten lehrte. Warten muss man auch auf die Mäuse. Sie laufen nicht pausenlos durch die Gänge. Morgens um elf und nachmittags um vier war der Geheimtipp der Szene, also kam man über Mittag zwischen der Schule und am Abend vor dem Gang in die Milchhütte aufs Feld. Der Weg dorthin betrug jedes Mal zwei bis drei Kilometer, also musste man sich ein Fahrrad zusammenbauen. Ein anständiger Rahmen aus dem Steinbruch war ein sicherer Wert und als Tauschobjekt begehrt. Der Rest war schnell beschafft. Auf funktionierende Bremsen gab man nicht viel; unsere Knie sahen danach aus. Jeder hatte dauernd Schorf an Knien und Ellenbogen. So lange es keine Blutvergiftung war, die man am Streifen unter den Oberarmen erkennen konnte, war es nicht ernst. Verletzt zu sein war ein Dauerzustand, Lappen drum und fertig. Bevor es nicht an den Kreislauf ging, legte sich kein Bauer hin. Tee war für die Kranken, Wasser für die Kühe, Vergorener für den Menschen. Kam ein alter Bauer ins Bezirksspital, so musste er erst mit Vergorenem stabilisiert werden, bevor an weiteres zu denken war, er wäre sonst am Entzug gestorben. Dass man einzelnen zuerst die Gummistiefel aufschneiden musste, bevor die geschwollenen milchweissen Füsse freilagen und bereits Maden herauspurzelten, ist ein anderes verbürgtes Kapitel.

In unserem Keller lagerten gigantische Mostfässer, und ich, als Jüngster, der noch durch die Spuntklappe passte, hatte sie von innen mit der Bürste zu schrubben. Das war Ende August, nachdem der letzte Hektoliter durch die Lebern der Grossen geflossen war. Mir genügte der beissende Alkohol, der noch in den Fasern der Fasstuben steckte. Mir liefen die Tränen, und ich kann mich noch erinnern, wie ich in einem angenehmen Taumel danach über die Spritzkante fiel, mit der ich die Kohlrabi hätte spritzen sollen. Ich lag in der weichen Spätsommererde zwischen den Beeten, mir lief das Wasser ins Hemd, und ich begriff zum ersten Mal, warum die Grossen manchmal noch des Nachts in den Mostkeller hinuntertappten, um Badersdorf oder den bösen Traum davon zu vergessen.

Mausen, ein präzises Waidwerk, war mein erster »Beruf« gewesen, ein saisonales regelmässiges Einkommen, mit dem ich Erwin vor dem Pellegrini-Laden beinahe ausgestochen hätte. Aber er hatte Fünfernoten! Und er investierte nicht, nicht sichtlich. Seine Investition war vielmehr philosophisch. In Geschicklichkeit standen wir einander in nichts nach – er wurde später Hochspannungsmasten-Monteur, ich vorerst Kunstturner im Turnverein Badersdorf. Im ganzen hatte ich es damals aber eher mit den landläufigen gesellschaftlichen Werten, wenn ich freihändig, mit einer Traube fetter Schärmäuse in eine Falle geklemmt, gemächlich durch die Dorfstrasse radelte. Das wollten die Bauern sehen auf ihren Bänken! Erwin sah man nicht. Er war einfach da. Er sass fraglos an unserem Familientisch. Einer mehr oder zehn, war ohnehin nie die Frage.

Waren die Schwänze abgehackt, dann wurden die Mäuse auf dem Scheitstock geteilt und den Katzen übergeben. Ein Hieb mit dem Gertel genügte, um die Horde in Sekundenschnelle anzulocken, ein Schauspiel, das ich den Kindern aus den Einfamilienhäusern gerne vorführte.

Viel teurer noch als die Fallen war das Stechmesser, das man bald in keinem Sortiment einer Eisenwarenhandlung mehr finden sollte. Mit diesem Zweischneider, der vielmehr eine Waffe war, stach man einen quadratischen Pfropfen aus der Wiese, stets zwischen zwei frischen Haufen, wo man mittels eines Eisenstabs den Laufgang erstochert hatte. Ein deutliches Nachgeben zeigte an, dass man richtig lag. Mit einem Stecken, niemals mit der Hand, reinigte man die beiden Löcher, klemmte die Ringlein in die Fallen und schob sie behutsam auf beide Seiten hinein. Die Falle sicherte man mit einem Zweig, damit sie die oft nur halb eingeklemmte Maus nicht in den Gang hineinziehen konnte. Gleichzeitig signalisierten die aus der Wiese herausragenden Zweige den Standort der Fallen. Mit einem Dutzend Fallen konnte man am

Tag mit drei bis vier gefangenen Mäusen rechnen. Oft genug musste man sie erst totschlagen, wenn sie sich nur mit einem Bein verfangen hatten.

Mit dem Mausen und Traktorfahren gehörte man zur Erwachsenenwelt, was alles aufwog, das ein Bauernkind allenfalls vermissen mochte: die freien Nachmittage im Schwimmbad oder auf dem Eisfeld. Zum Erwachsensein gehörten auch das Totschlagen überschüssiger Katzenjungen und das Schlachten der Kaninchen. Das Töten musste schnell gehen – nicht nur, damit das Tier nicht litt, sondern weil man sich selber damit schnellstmöglich über den Punkt bringen musste, das eben noch gestreichelte und lange gehätschelte Kaninchen in einen blutigen willenlosen Balg verwandelt zu haben. Mit ein paar wenigen Schnitten am richtigen Ort und einem entschiedenen Ruck war der Balg herunter und der Bauch ausgenommen. Nun war es ein Stück Fleisch ohne Erinnerung, im Korb unter dem Tuch nicht mehr zu unterscheiden; aufgepasst nur auf die Galle, die aufgestochen das Fleisch am Ende noch verderben konnte. Einen Hasen zu schlachten dauert nicht länger als fünf Minuten. Ich hatte zu Zeiten bis an die dreissig Tiere in den selbstgezimmerten Kästen. Das hiess, dass es einmal im Monat auf den Sonntag Hasenbraten aus meiner Produktion gab. Die Felle schickte ich in Schuhschachteln zum Liddern in die Gerberei; daraus wurden Mantelfutter gemacht. Für den Braten bekam man nichts, auch kein Lob, das wäre einem Erwachsenen im Traum nicht eingefallen. Was aber Erwin am Familientisch verstecken musste, durfte ich stolz beigetragen haben.

Frau Pellegrini lehrte: Die Nachfrage ist unendlich, das Angebot ist unendlich, aber ohne Geld stehst du im Regen. Der Familientisch lehrte: Es geht nach Verdienst. Alles in allem – das Leben lehrte: Es hat alles seinen

Preis. – Allerdings: Andere bekamen einfach Geld in die Tasche, also Taschengeld. Das kam auf mit der Stadt, die immer näher über den Hügel heranrückte, wie übergelaufenes Habermus. Auf diese Idee musste man erst kommen! Geld wofür? Weil man Sohn oder Tochter ist, ein anderer Grund war nicht auszumachen. Bei uns war es umgekehrt: Grossvater bekam das Beste und Meiste, die Kinder konnten schauen. Es geht nach Verdienst, stand so deutlich über der Haustür, dass es gar nicht hingeschrieben werden musste. Um Taschengeld zu bekommen, musst du erst einmal Grossvater werden. Er war übrigens auch Kunde von Frau Pellegrini; er kaufte Tabak oder vielmehr wir für ihn. Die Reste der vergeiferten Stumpen zerbröselte der alte Knecht unseres Nachbarn in seine Pfeife. Wir drehten uns Zigarren aus den Blättern von den Estrichen des Grossbauern und probierten es immer wieder mit den Nielen-Stängeln vom Bach. Aber es war allein das Verbot, das lockte – hätten wir uns dazu nicht verstecken müssen, dann hätte man uns zum Rauchen prügeln müssen.

Jedenfalls kannten wir jeden einzelnen Hochstämmer mit Namen, als gehörten sie zur Familie wie die Kühe, die die gleichen Namen trugen wie unsere Tanten: die Erna, die Anna, die Martha, die Bertha – eine hiess sogar wie Mutter –, und es gab den frühen Klaröpfler, den Leuenöpfler, den Usteröpfler, den Grafensteiner, die Schafsnase, die Reinette und viele mehr, die aus den Auslagen verschwanden, als die Selbstbedienung kam. Und wer hat sie noch in der Nase, die Düfte, die nur dem einen Ort gehören: die Holunderbüsche beim alten Reservoir, die kleinen Mostbirnen am Bach, die man im überreifen Stadium aussaugen konnte, indem man ihnen den Stiel herauszog. Es war ein Bild unerwarteter, sinnloser germanischer Fruchtbarkeit, was einen da erwartete unter einem Mostbirnenbaum. Man sah kaum noch Gras vor lauter gelber und brauner barer Mostbeutel. Die Zainen tropften, Wespenschwärme verfolgten die tropfenden Wagen noch bis ins Dorf hinein – und es würde Geld geben für jeweils den Jüngsten, der unter dem Schild am Nussbaum: »Most zu verkaufen, für dreissig Rappen den Liter« in seine eigene Tasche arbeiten durfte. Das war ein Bombengeschäft! Halb Birne, halb Apfel war eine Droge, die die Süchtigen mit Taschen voll leerer Flaschen an unseren Stand trieb.

Beim Mostverkauf war ich natürlich nicht der einzige. Bombengeschäfte ziehen Konkurrenten an wie die Wespen. Aber es zählte offenbar auch der Standort. Ich habe allerdings erst viel später in der ökonomischen Fakultät gelernt, dass Dörfer und Städte nichts weiter seien als Standorte, ihre Gesichter Produkte, dem Markt freigegeben. Unser Dorf, das nicht das Zeug zu einem Produkt hatte, war allein wegen seiner Lage an den Verkehrsachsen auf dem besten Weg von einer Gemeinschaft zu einem Standort. Das würde man sauber hinkriegen. Wer aber trägt schon sechs Mostflaschen weiter, als er muss! Und wer trauert schon einem Moor nach, wenn die Stadt billigen Wohnraum braucht vor ihren Toren! Von den Wohnblöcken, die wie Pilze aus den Bungertwiesen schossen, bis zu meinem Getränkehandel war der Weg einfach kürzer als zu den Mostverkäufern im Oberdorf. Auch Mutters Gemüse lief gut übers Brett.

Man muss den Konsumenten anfixen, damit er wiederkommt – wie Erwin mit der leeren Schnapsflasche an unsere Haustür, um Nachschub für seinen Vater zu holen. Der Standort ist es, und am besten ist man überhaupt der einzige am Platz, wie des Grossbauers Sohn mit seinen Erdbeeren.

Kaufmann oder Krämer – sechs mal dreissig macht

einen Franken achzig – ich muss zu Spitzenzeiten mehr verdient haben als Frau Pellegrini mit ihren Mohrenköpfen. Aber leider war nicht immer Herbst, und Frau Pellegrini stand auch im Winter mit ihrem dicken dreieckigen Wollschal hinter der gemeinen Auslage und wartete stumm, bis die Klangstäbe sich beruhigten.

Che desidera?

*

Der Zirkus

Er war immer schon da, wenn man von ihm hörte: der Zirkus auf dem Platz vor dem Gemeindehaus. Vielleicht wurden noch ein paar Seile angezogen, aber das UFO war immer schon gelandet oder war schon wieder weg. Es würde zwar noch ein paar Tage nach Löwenpisse aus dem mit Sägemehl vermischten Kies riechen, aber spätestens nach dem Viehmarkt, mit seinen dumpfen Fladen, würde die Zirkusluft verflogen sein.

Wie konnte es dazu kommen, dass ein Soufflé aus Fähnleinstoff und Löwenpisse hier aufging über Nacht? Wo nehmen die Zirkusleute, wenn sie die Pfosten einhauen und die zehnmal überstrichenen roten Sitzbänke anschrauben, das Vertrauen her, dass die Badersdorfer kommen würden, um sich anzuschauen, was sie schon vor einem Jahr gesehen hatten – und alle Jahre davor?

Auch der Löwe war seit Gedenken der immergleiche, das einzig ernstzunehmende Tier neben den Pudeln und Zwergziegen, die bestimmt auch dieses Jahr wieder ihre Dummheiten machen würden – vielleicht in blauen statt gelben Mäntelchen. Sie würden im Vorbeirennen den Wassereimer des Clowns umstossen, diese Pudelviecher, das war gewiss. Mit dabei waren auch immer der Kakadu am Kettchen auf dem Podest bei der Kasse und das räudige Seidenäffchen, ebenfalls an der Kette. Es würde dem Tellerschwinger am Stengelgestell hinter dem Rücken die wabbernden Teller wegstibitzen, und der Bernhardiner würde sich die Wurst vom Teller des bösen Direktors mit dem angeklebten Schnauz schnappen.

Er war da, der Zirkus, wie der erste Schnee, wenn man am Morgen aus dem Fenster sah. Diejenigen, die früher aufstanden, wussten es bereits seit Stunden und schabten und scharrten in unsere Träume herein. Übrigens ist der Zirkus da, hiess es im Vorbeigehen – aber dann war es schon zu spät.

Denn es ging uns Kindern darum, bei den ersten zu sein, die für ein Freibillett die Rolle mit den Plakaten zugereicht bekamen, um sie an die Gartenzäune zu heften. Und das konnte jeder Knabe sein, der es als erster erfuhr, auch die grösste Schlafmütze, die zufällig am Gemeindehaus vorbeikam. Man hätte es sich eigentlich sparen können, die Ankunft des Zirkus publik zu machen, man erfuhr es sowieso innerhalb eines halben Tages, mit oder ohne Plakate. Aber Dolly, im Bikini unter dem Netzkleid auf dem immer gleichen brüllenden Löwen aus den Schriftornamenten springend, würde auch dieses Jahr jeden Badersdorfer in den Zirkus locken, auch wenn er sich geschworen hatte, es wenigstens für einmal sein zu lassen.

Denn wer sie sah, wie sie ihre Pfosten einschlugen, als wäre es für immer, der konnte sie nicht enttäuschen, diese unverzagten Muskelmänner, die sich handkehrum in orientalische Zauberer verwandelten, um in drei Sekunden als glitzernde Messerwerfer mit der blonden Dolly – vormals im Kassenhäuschen – an der Hand hinter dem schmuddeligen Vorhang wieder hervorzutänzeln. Und Dolly ist sich nicht zu schade, am Vormittag im Dorfbrunnen Wasser zu holen.

Sie kommen zu uns, die Zirkusleute, wie die Zugschwalben aus Afrika, unangekündigt, aber treu, und murren nicht, wenn sie den Stall anders vorfinden als letztes Jahr. Mit welchem Recht hätten sie sich auch beschweren wollen, da die Standplätze immer rarer wurden, mit jedem Wohnblock, der herauswuchs aus den Brachen.

Und sie haben die gleichen grünroten Traktoren wie wir, auch wenn sie unnützes Glitter- und Glimmergestänge über Landstrassen karren. Sie haben Kraft, das ist Ausweis genug. Denn Kraft kommt nicht von nichts, das weiss jeder, der so viel und mehr arbeitet, als er isst – was der Bauern- und Gewerbelogik ungeschrieben zugrunde lag. Allen Respekt vor Geschick und Kraft! Was sie da stemmen und sich auf dem Brustkasten zerschlagen lassen, die halben Grabsteine, schriftunter, vom Dorfbildhauer in der alten Eisscheune, das muss man erst einmal bringen!

Man kannte es vom Turnen und vom Turnkränzchen auf der Bühne des Hotels: Wenn der Vorhang zuckend aufging, um sich am Holmen des zweiten Barrens zu verfangen, war man selbst so etwas wie ein Artist und wusste genau, wie ungnädig ein Publikum erwartete, was man selbst zutiefst in Zweifel zog: dass der Doppeldelfter gelingen möge und der Fleurier gestanden werden konnte vor der versammelten Gemeinde. Aber das jeden Tag... für ein paar Franken pro Billett. Von nichts kommt nichts, schon gar nicht etwas Glanz und Gloria – und erst recht nicht in Badersdorf. Aber die tägliche Plackerei durfte einfach nicht alles gewesen sein, auf beiden Seiten. Tat man es für Lohn, im Zirkus und in Badersdorf? Dann hätte man es gleich lassen können! Es muss noch andere Gründe geben. Sind es auch Illusionen, die sie im Zirkus für ein paar Franken anbieten, die Träume sind Lockvögel der Hoffnung, und ohne Hoffnung kann man gleich im Bett bleiben.

Man würde wohl hingehen, auch dieses Jahr. Für uns Kinder war das ohnehin keine Frage.

Und Badersdorf strömt wieder zusammen, wie zur Bundesfeier oder zur Gemeindeversammlung, herausgeputzt, in losen Gruppen, die Bahnhofstrasse herauf, die Alpenstrasse herunter, die Feldstrasse heran. Die Primarschüler waren am Nachmittag drangewesen und mit roten Backen nach Hause gekommen; am Abend würde Dolly das gewagtere Trikot anziehen.

Ging man nicht jedes Jahr zur Vorführung des Theatervereins Badersdorf-Dotlikon, obwohl man im voraus schon wusste, wie es herauskam? Spielte nicht aus jeder eingesessenen Familie einer mit, so dass Badersdorf das Stück im September bereits auswendig kannte, bevor es im Dezember zur Aufführung kam? War nicht der Brandstifter immer der Rothaarige, sprach nicht der Hochstapler durchwegs Basler Dialekt, würde nicht der bescheidene Knecht Meister werden und das eingebildete Tüpfi mit Abwaschbrühe übergossen? Waren wir Badersdorfer nicht jedes Jahr angeblich die eigenen Schmiede unseres Glücks oder Pechs, wie das auch jedes Jahr gleiche Plakätchen verhiess, das allerdings keiner austragen wollte, weil es keinem Jungen in den Sinn gekommen wäre, freiwillig einen Abend mit den Eltern im Löwensaal zu sitzen, nur weil die ältere Schwester meinte, im Theaterverein mitmachen zu wollen?

Ausser dem Trick des Weissclowns mit der zusammengerollten Zeitung hinter dem Rücken, die sich mit ein paar Handgriffen in eine Palme verwandelte, und den ich mir auf dem angeblich schlechtesten Platz, wo man alles von hinten, also objektiv sieht, in einer zweiten Vorstellung selbst angeeignet hatte – ein Trick, den ich übrigens noch heute kann –, also ausser dieser Verwandlung einer Zeitung in etwas Brauchbares war tatsächlich nichts geschehen, was in Erinnerung hätte bleiben müssen. Schliesslich hatten wir Knaben es auch geschafft, unseren Schafbock zum Stier auszubilden, um Torero zu spielen. Wir wussten: Es ging nicht darum, das rote Tuch – das übrigens gar nicht rot zu sein braucht – seitlich auszustrecken, sondern hinter dem Tuch zur Seite zu springen, um das Tier ins Leere laufen zu lassen. Alle Tiertricks gingen so: Man nimmt das natürliche Verhalten der Tiere und setzt ihm ein Hütchen auf. Wer es nicht begriff, bezahlte mit blauen Flecken – durchaus auch in Stall und Feld, nicht bloss im Zirkus. Ein Pferd begreift nie, es muss jeden Tag aufs Neue getrimmt und erinnert werden. An der Hand eines Clowns verlernt es alles in einem Tag; statt den Wagen zu ziehen, frisst es Gras am Weg. Der Pudel würde keine Sprünge tun, fürchtete er nicht die brennende Zigarette des Herrn. Weiss aber der Bauer, welches Tier das Leittier ist, so erspart er sich viel. Statt hundert Ziegen braucht er nur eine zu führen. Der Gänsetrick mit dem goldenen Ei war nun wirklich jedem Bauern geläufig. Wir sahen somit nichts Neues. Wir wussten es ja bereits.

Schon gar nicht, als der arme Löwe vorgeführt wurde, den der Dompteur Shiva rief. Wäre Dolly auf Shivas Rükken in die Arena geritten, wie es auf dem Plakat abgebildet war, so hätte der Löwe dies vielleicht gemocht. Bestimmt! Aber er musste sich von den eilfertigen Pudeln belehren lassen, wie man durch einen Reifen springt, wie man sich auf die Hinterbeine stellt und von Podest zu Podest hüpft. Ausgerechnet der König der Tiere, wie er im Album hiess, in das wir Abziehbilder einklebten! Der Dompteur, der dem Löwen von Jahr zu Jahr ähnlicher sah, fand es aber ganz toll, dass sein dummer Kumpel es am Schluss auch noch begriff und warf ihm ein Fetzchen Fleisch zu. Ich hätte mir gewünscht, der Meister mit den hellblauen Stiefelchen hätte ihm die dämlichen Pudel zum Frass vorgeworfen, allesamt, mit ihren feuchten Knopfaugen und den bunten Schleifen auf dem Kopf. – Noch besser: Shiva wäre ausgebüchst und verschwunden. Kein Ort in Badersdorf wäre mehr vor ihm sicher gewesen, man hätte gerissene Rehe gefunden im Wald und ihn gesehen, wie er nachts im Mondschein am Dorfbrunnen trinkt. Und eines Tages – wir hätten natürlich wochenlang schulfrei

– fand man von dem Dompteur noch ein hellblaues Stiefelchen im Kies vor dem Gemeindehaus. Der Löwe blieb unauffindbar, holte sich aber jeden, den wir im Kopf abhakten, Dolly und ich, schon die nächste Nacht. Tagsüber hielt sich Dolly im Heu versteckt, nachts holte sie Shiva auf seinen Rücken, oder sie kam zu mir in die Kammer, um auf dem Bettrand zu sitzen. Niemand konnte sich erklären, wie das ging: Abwarte verschwanden, Lehrer verschwanden, der Metzger verschwand, der meine Kälblein schlachtete, die ich mit der Flasche gesäugt hatte und nun in seinen finsteren Hinterhof gezerrt werden mussten, damit er sie mit dem Bolzengerät erledigte, der Hüter des Steinbruchs in seinem Holzverschlag verschwand, der uns mit Bierflaschen bewarf, weil wir nicht einsehen wollten, warum man für Fortgeworfenes bezahlen sollte – Shiva zerrte die alte Kunz aus dem Barrierenhäuschen, die uns die begehrten Rossbollen für den Gärtner streitig machte… er holte sie alle, man fand nur noch Mantelknöpfe und Brillen. – Ich war der Direktor, und Badersdorf war das Spiel meines Willens!

Aber leider nur bei Nacht vor dem Einschlafen, am Tag war es andersherum. Der Löwe trottete mit gesenktem Schwanz durch den Gittertunnel zu seinem Wagen zurück, wo man ihn von zehn bis vier Uhr besichtigen konnte. Um zwei war Fütterung mit den Fleischresten der Kälber, die ich zum Metzger zerrte.

Abends aber bekamen sie in der Arena pünktlich den Rasierschaum ab, die Aufgeblasenen, und die weisse Fee rettete im letzten Moment das Kind sicher vom Trapez. Man sah sich die Welt an, wie sie sein sollte, mochten die Nummern so mittelmässig sein, wie sie wollten. Hauptsache, am Ende kamen sie alle wieder hinter dem Vorhang hervor und hielten sich an der Hand – es sollte sich einer unterstehen, sich vorher abgeschminkt zu haben! Im

Theaterverein Badersdorf-Dotlikon kamen sie am Schluss auch alle wieder auf die Bühne, und auch beim lustigen Moderator im Fernsehen mit dem karierten Jackett. Es müssen alle wiederkommen! will das Kind.

Und weil es nicht ist, wie es sein soll, kommen sie immer wieder, die Theater- und Zirkusleute. Auch die Badersdorfer würden wiederkommen im nächsten Jahr.

Obwohl sie alle geschworen hatten, es ein für allemal gesehen zu haben.

*

Die Raupe

Und jedes Jahr kommt die Chilbi nach Badersdorf. Sie braucht keine Löwen durchzufüttern, und ihre Dollys sind zum Aufklappen. Sie ist nicht plötzlich da, sie kommt zuverlässig am dritten Samstag im Monat Juli. Vor etwa hundert Jahren war damals die Kirche eingeweiht worden, Onkel Alberts Kirche, unsere Kirche sozusagen. Denn Onkel Albert, Grossmutters Bruder, der Baumeister aus der Stadt, hatte fast alle Kirchen und Bahnhöfe im Bezirk rundherum gebaut.

Er baute die Kirche weit ausserhalb des Dorfes, was zu reden gab. Hätte er es jedoch nicht getan, dann wäre sie dreissig Jahre danach nicht mitten im Dorf gelegen. Ein echter Visionär! In einer Zeit allerdings, als das Neue noch mit Hoffnungen, nicht mit Befürchtungen verbunden war. Sein Elektrizitätswerk unten am Fluss war eine Kathedrale, seine Bahnhöfe waren Kapellen am Weg in die Zukunft. Zur Kirche selber wollte ihm weniger einfallen. Dafür hielt er jeden Kostenvoranschlag auf seine Ehre exakt auf den Rappen ein; überschritt er ihn, dann zahlte er aus seinem eigenen Sack dazu. Und fertig wurde man auch auf den Tag genau, also eben am dritten Juliwochenende vor bald hundert Jahren.

Was der protestantischen Kirche absolut abging – etwas Glimmer und Schimmer –, sollte wenigstens an der Kirchweih aufblitzen. Der Bau war so nüchtern wie das Schulhaus, das Albert zur gleichen Zeit gebaut hatte – als hätte er dieselben Pläne verwendet. Die Vorstellung, halb nackt über dem granitenen Taufbecken getauft worden zu sein, fröstelte einen noch Jahre später. Die Wände waren innen und aussen mit überzogenen Kieselsteinen verputzt, an denen man sich aufriss, wenn man daran stiess.

Da war die »Raupe« von anderem Kaliber. Die Raupe war neben der Autotütsche mit den neuesten Schlagern der Inbegriff des ganz Anderen. Die Schiffschaukel und das Karussell stammten noch aus der alten Zeit, als unser Knecht, der Gottfried, ein Zubrot verdiente, indem er von Hand die Kurbel trieb oder im *Rebstock* die Kegel stellte. Dann gab es noch den ewigen Hau-den-Lukas, die Schützenbude mit den glitzernden bunten Papierblumen und den spanischen Puppen aus dem gleichen Stoff, die nie jemand gewann, und natürlich die unverwüstliche Geisterbahn.

Aber diese schräg aufgestellte Rundbahn mit dem Tunnel war Rock and Roll, die gleissende Spiegelkugel in der Mitte bildete das Zentrum des Universums, aus dem die Kräfte strömten, die dieses ohrenbetäubende sternenübersäte Viech im Kreis hetzten, so dass einem schon vom Zuschauen schlecht wurde. Man muss mitfliegen wollen, sich den Kräften hingeben, wenn man nicht unnötig leiden will. Und wäre mir auch schlecht geworden, Vater hätte mich lachend wieder hineingesetzt. Aber er kam nicht an die Chilbi. Er reichte aus dem losen Hosensack ungezählt eine Handvoll Münzen und melkte weiter, seine Stirn an die Kuh gepresst.

Ich war allerdings noch nicht in dem Alter, um mit einem Schulschatz unter den Vorhang zu wollen, der sich nach der dritten Runde langsam über die sausenden Wagen zog, um für die Weile eines ausgedehnten Zungenkusses Ruhe vor Badersdorf zu gewähren. Das kam ohnehin erst am späteren Abend in Frage und war das Terrain der Oberstüfler und Lehrlinge, also tabu, auch wenn es kein Kunststück gewesen wäre, aus dem Schlafzimmer abzuhauen und, lässig an eine Stange gelehnt, dem munteren Treiben zuzusehen. Ich passte noch lange durch Grossvaters Gitterstäbe vor meinem Fenster über der Scheiterbeige. Man wollte sich nur nicht unnötig verscheuchen lassen von den Elvis-Kopien mit dem Kamm in jenen Jeans, die sie in der Badewannne anzogen, damit sie eng genug sassen. Man nannte sie Halbstarke, diese hageren Bengel, obwohl damit genaugenommen die Töffrocker gemeint waren. Halbstarke hatten an der grossen Chilbi in der Stadt ein Restaurant auseinandergenommen und ein paar Polizistenmützen zertreten. Etwas Ungeheuerliches! Und das Ungeheuerliche musste mit dem Ruf der Sirene zu tun haben, die jedes Mal die heisse Phase des Höllenritts ankündigte, wenn sich der Vorhang schloss. Man hörte sie drei Nächte lang im hintersten Schlafzimmer von Badersdorf. Meine älteren Brüder konnten ihrem Ruf nicht widerstehen, niemand konnte es, sei es, dass er das unflätige Treiben verfluchte oder ihm mitfliegend verfiel. Aber die Sorgen waren unbegründet: Wer beim Klang dieser Sirene zum ersten Mal küsste, wusste ein Leben lang, dass Höhepunkte in der Liebe kurz bemessen sind in Badersdörfern. Man musste wohl wegziehen, wenn man es anders haben wollte, einem Elvis folgen, wie die Marianne aus der Gewerbeschule meines ältesten Bruders. Als sie mit ihrem Kleinen ins Elternhaus an der Alpenstrasse zurückkehrte, war ich schon als Pendler mit der Schülermappe unterwegs in die Stadt.

Der Ruf der Sirene hatte etwas Naturgesetzliches, es musste notgedrungen ein Schmetterling ausschlüpfen. Denn die Raupe frass und frass. Man stand Schlange. Die Elvisse sprangen auf und ab, kassierten rückwärts fahrend, eine Sekunde vor dem Tunnel bloss den Kopf etwas zur Seite neigend, ohne sich zu halten, sprangen mit einer halben Pirouette ab, exakt vor ihrem Gelegenheitsschatz, und führten das Schäkern weiter, wo es die Sirene unterbrochen hatte. Diese Tornados, Desertstorms, Snowstorms, manchmal noch mit Ballspielen kombiniert, die bei einem geschickten Wurf in den Korb eine Extrafahrt versprachen, fegten landauf, landab als erste Boten eines Stils, der die Enge aufsprengen würde wie die Reissverschlüsse der Jeans, wenn sie trockneten.

So wie diese Burschen mit ihren Haarwellen und diese Mädchen mit ihren steifen Glockenröcken war niemand in Badersdorf. Das ideale Paar strahlte überlebensgross in verschiedenen Tanzposen über der Raupe. Waren es Conny und Peter? Oder Horst und Karin mit dem längsten Zungenkuss der Filmgeschichte? Das »Bravo« war erst eben geboren worden, man konnte es ausklappen und die Körperteile der Stars in Lebensgrösse auf die Tapete kleben.

Selbst wer gegen die Raupe wetterte, wippte mit dem Fuss. Wer die Passagen mitsang, hatte keine Ahnung, was er da eigentlich sang, Englisch war noch so unverständlich wie das Evangelium. Alles Neue kam von »drüben«, wie dieser Gospel und diese Susaphone der Knabenmusik. Der New-Orleans-Jazz hatte etwas Ansteckendes, das, wer hätte es gedacht, ganze Festhütten ergriff. Glenn Miller war cool, gehörte aber zu Daddy und dem Krieg; der freie Jazz war für die Studenten im verrauchten *Africana* in der Stadt. Aber Rock and Roll war noch einmal etwas anderes. Ganz recht, es war eine Krankheit, eine Seuche, eine Lustseuche wie der Hula Hopp und die Salzstangen, man konnte nicht aufhören. Es gab Demonstrationen für Rock and Roll! Man sah die Staatsraison in Gefahr. Ulbricht verordnete seiner DDR mit Fistelstimme einen Gegentanz, den züchtigen Lipsy, ein Retortenbaby, vorgetanzt von Schauspielerbrigaden. Aber den wollte niemand haben. Es waren Ted Herold, für den man Gefängnis riskierte, Bill Haley, für den man log, morgens um zwei im verschwitzten Nylonhemd. Aber Rock and Roll wollte nichts Böses, es war die bare Lebensfreude, die Stühle waren einfach im Weg – wenn man auf Tischen tanzt, leidet das Geschirr.

Das Reich meines Freundes Erwin war stiller und weniger oberflächlich. Die Bahngestelle waren sein Himmel, aus dem das Gute fiel, und er liess mich teilhaben am gerechten Ausgleich: Die Höhenflüge wollten notgedrungen Entlastung, der Leichtsinn wollte Abwurf. Unter die Bahnen zu kriechen, war das erste, was wir taten, wenn wir auf das Chilbigelände kamen. Die Voraussetzung dafür aber war, dass die Elvisse mit Kassieren beschäftigt waren, sonst vertrieben sie uns aus El Dorado, sie verdienten wenig genug. Ihre unantastbaren Pfründe waren die Kabinen und Sitze, da hatten wir definitiv nichts zu suchen. Der Blick nach oben unter die Röcke hatte noch nicht die Macht, um uns davon abzuhalten, im dreckigen Gras zu wühlen und Portemonnaies, Kämme, Ausweise und Kettchen jeder Art aufzusammeln. Was nicht Bargeld war, liess sich im Fundbüro am gleichen Fenster, in dem unsere blutigen Mäuseschwänze verschwanden, in Finderlohn umsetzen.

Der Blick von unterhalb der Geisterbahn nach oben brachte noch anderen Gewinn. Kaum zu glauben, wie wenig es braucht, um sich zu fürchten! Die Kulisse tut's, ein Schattenspiel. Die Gestänge und Kettenzüge, an denen die Skelette und enthaupteten Matrosen zappelten, waren von geradezu entlarvender Einfachheit. Dunkelheit ist alles! Sie ist die Mutter der Illusion. Ein Lichtstrahl genügt, ein Millimeter Öffnung, um den Spass zu verderben, aber das will ja niemand, im Gegenteil. Wir wollten es auch nicht, denn die tätowierten Rocker, die die Geisterbahn bedienten, waren keine dünnen Elvisse, sie hätten uns verprügelt ohne Wenn und Aber.

Ein lebendiges Gespenst konnte allerdings Anlass für Schreie sein, wie man sie aus den Lautsprechern der Geisterbahn noch nicht gehört hatte. Erwin und ich gaben uns die grösste Mühe, dem Eintrittsgeld gerecht zu werden. Wurde die Bahn abgestellt, weil eine zu Tode erschrockene Kundin am Ausgang behandelt werden musste und die Rocker auf Geheiss des Bosses das Trassee des Schreckens abschreiten sollten, um nach dem Rechten zu sehen, waren wir längst unten hinaus.

Mit solcherlei reichen Erfahrungen gesegnet, eröffneten wir eines Tages zusammen mit dem Sohn des Grossbauern unsere eigene Geisterbahn. Die ausgedehnten Speicher, Silos und Laufbänder des halbindustriellen Hofes arbeiteten uns ideal in die Hände. Da konnte die Chilbibude einpacken! In unserer Geisterbahn wurde man von echten halbblinden Gespenstern auf dem Sackrolli gefahren, in Getreidekännel ungewissen Ausgangs gekippt, von einem zweiten blinden Gespenst mit Glück im Silo aufgefangen, unter nassen Emballage-Säcken durchgefahren, die mit Buttersäure angereichert waren, vom Enthülserventilator getrocknet, dass einem der Atem stockte, man wurde auf schwankende Leitern getrieben, an Seilen heruntergelassen – und das alles für zehn Rappen, einem Bruchteil dessen, was die Bahn auf dem Rummel kostete. Die meisten unserer Schulgenossen, durchwegs die unteren Klassen, rannten danach schnurstracks nach Hause.

Zu einem zweiten Gespenster-Samstag kam es per Verfügung des Schulvorstandes entschieden nicht.

Chilbi ist eben nur einmal im Jahr.

*

Bald schon kam der Flipperkasten ins Café City, dann der Spielautomat. In der Stadt gab es das schon lange. Erwin und seinesgleichen hatten es gleich heraus. Es war ihnen etwas gegeben, was mir abging mit meinem bäurischen Hintergrund. Sie hatten keinen oder vielmehr einen andern, der diese Bewegung des Handgelenks, aus der Hüfte verstärkt, zu einem Schlag verdichtete, der Anklage und gleichzeitig Forderung war. Der Schlag mit dem Handballen an den Kasten im geeigneten Moment, wenn die Kugel droht, endgültig in den Sog der Gravitation zu geraten und punktlos im letzten Loch zu verschwinden, dieser Schlag hart am Tilt stand mir nicht zu Gebote.

Erwin, der im Armenhaus tagtäglich von Automaten umgeben war, die ohne Fütterung unerbittlich Strom und Gas verweigerten, hatte allen Grund, an einem Kasten zu rütteln, der zur Abwechslung das reine Spielglück verhiess. Die Dolly aus Las Vegas verdrehte denn auch die Augen auf dem Maximum, und das Café City erstrahlte im Blinklicht sämtlicher Pilzknöpfe und Sterne, dazu rappelte und bimmelte der Kasten vor Erregung, dass ihn Erwin jedes Mal sich selbst überlassen musste, um lässig auf dem Barhocker sitzend das Ende des epileptischen Anfalls abzuwarten.

Der Flipperkasten, der nur frass, wurde gefüttert von den Fränklern des Spielautomaten, der seinerseits von den Trinkgeldern ungeschickter Monteure, vor allem aber der Kellner gefüttert wurde. Das war die Nahrungskette der trostlosen Dienstagabende im Café City, bevor Erwin Lokalverbot bekam. Denn er leerte den Kasten auf Anhieb in wenigen Minuten. Das Problem war nicht, wie er die Fränkler herausbekam, sondern wie sie in genügender Menge hineinkamen. Das konnte auf Dauer nicht gutgehen. Er prüfte zwar immer erst durch die Scheibe, wer gerade servierte, bevor er hereinkam, denn er wollte das Wohlwollen des Personals nicht unnötig strapazieren, aber es gab nun einmal erst ein Café City, und der nächste Spielautomat war in Dotlikon beim Möbelzentrum, wo dieselbe Vorsicht geboten war. Der Trick: Er kombinierte das kaum hörbare Ticken des sausenden Zeigers mit einem Bild, auf das dieser gerade zeigte und zählte dazu, bis der Zeiger das erste Mal auf ein Gewinnfeld wies. Nach ein paar Verlusten hatte er für jeden Kasten die Zahlen heraus, und es rappelte Fränkler hinter seinem Rücken, während er schlechten Gewissens ein neues Cola bestellte.

Später, beim Autostoppen durch Europa, kam uns Erwins Gabe sehr zustatten. Denn es gab an den Fernfahrerrouten bald kein Lokal mehr ohne dieses immer gleiche Standardmodell mit dem Melonenschnitz, der Zitrone und den drei Palmen. Und zu Lokalverboten kam es auch nicht, denn die Kellner verloren ihr Trinkgeld nur einmal. Allerdings wollten uns die Dollys allmählich nicht mehr genügen, die wir mit Spielchen dieser Art beeindrucken mussten. Wir wollten richtige Mädchen. Wir lernten Gitarre spielen.

Wir wollten Rock and Roll!

*

Fliegen

Zog sich Präsident de Gaulle damals gerne in ein Dorf zurück, das Colombey les deux Eglises heisst, so hätte Badersdorf: Badersdorf les deux Airports heissen müssen, denn es lag genau in der Mitte zwischen dem grössten Militärflugplatz und dem grössten Zivilflugplatz des Landes; von diesem nur durch einen ausgedehnten Wald getrennt, der zu mehreren Dörfern gehörte und über Jahrhunderte von kommunalen Holzkorporationen gepflegt wurde. Das heisst, jeder Bauer besass ein Stück Eigenes und pflegte mit allen zusammen den Rest. Es war eine Allmend mit Sammelrechten für alle, eine Lebensgrundlage auch für Arme, unverzichtbar seit Urzeiten – als Wegfliegen noch allein den Vögeln vorbehalten war.

Das veränderte sich jedoch mit dem Krieg, der zunehmend durch die Lufthoheit entschieden wurde. Die Öffnung der Grenzen und der aufgestaute Hunger nach Welt setzten einen Boom in Gang, der Badersdorf verändern würde. Die Bevölkerung wuchs mit den Flugfrequenzen; kam kein Flugzeug von links, dann kam eines von rechts; starteten die einen gegen den Wind, so übten die andern mit dem Wind. Die Jagdfliegerstaffeln am frühen Nachmittag über den Dächern gehörten bald zu den vertrauten Dingen unseres Alltags; wenn es nicht wackelte im Buffet, musste Sonntag sein. Badersdorf war bald eine einzige Flugschneise geworden. Und weil sie die einzige war, sprach niemand davon, auch in Badersdorf nicht.

Damals hiess Lärm doch Aufschwung, und alle konnten davon profitieren. Wer protestiert hätte, wäre als Verräter dagestanden. Und wer jemals Bäume mit einem Fuchsschwanz gefällt hat, wie es nach dem Krieg noch lange üblich war, kann verstehen, dass man auch im Waldwesen das quengelnde Heulen der Motorsägen anfänglich gar nicht nervig fand. Es kamen Zuzügler, die Bodenpreise stiegen, der Steuerfuss sank, die Baumeister kauften Kran um Kran. Die Pfahlhämmer knallten wochenlang Eisen in die Sümpfe rund um Badersdorf, und die Bäume krachten alsbald im Minutentakt im stillen Wald um, wo es vorher nicht unter der Dauer dreier andauernd verlöschender Stumpen abging.

Eine grosse Tanne zu fällen, mit sauberen, auf die Fallrichtung hin angebrachten Anschnitten, brauchte zusammen mit dem Ausasten gut zwei Stunden. Die beiden an ihren Sägeenden hatten auch immer einiges zu besprechen: die neuen Kartoffelsorten mit ihren fremdländischen Namen, den Borkenkäfer, das Verbot der alten Sickergruben oder den Verlauf der Dränagegräben, die dem Badersdorfer Sumpf halbwegs brauchbare Wiesen abtrotzen sollten. Dann kam auch immer einmal wieder der Vertreter der nahen Schokoladenfabrik mit Krawatte zwischen den Tannen hervor, um seine weisslich angelaufene Bruchschokolade loszuwerden, die er stets säckeweise im Kofferraum dabei hatte, um sich im Vorbeifahren da und dort etwas Zugeld zu verdienen. Vater kaufte jedes Mal einen grossen Sack zerbrochener Osterhasen – die gefüllten Ohren, das wusste er, liebte ich am meisten.

Ausser den alten Bürdelimachern arbeitete niemand allein im Wald. Bürdeli machen hiess: Man fuhr Grossvater am Morgen mit einem Gertel, einem Scheitstock und dem eisernen Bürdelibock in den Wald und holte ihn beim Einnachten vor dem Melken mit den fertigen Rutenbündeln zum Anfeuern wieder ab. Das unvermittelte Niedersausen von Schnee von einem Ast und die flinken Wintervögel waren das einzige, was zu hören war – bevor die Flugzeuge über dem Badersdorfer Himmel auftauchten. Über Mittag sass er allein auf einem Stamm mit seiner Mostflasche, dem Schüblig und der frischen, noch weichen Rauchwurst von der Metzgete im Dezember. Die Schnapsflasche blieb immer im Kaput.

Nicht selten holte diese kauzigen Alten eines Tages der Schlag von ihren Bürdelibböcken, man fand sie abends im Schnee mit gefrorenem Schnauz, die Ohrenschützer verrutscht, den Hut im Gebüsch – in die grosse Stille eingegangen, wie es dann auch auf dem Grabstein hiess. Es gab, weiss Gott, schlimmere Todesarten in und um die Höfe. Mit dem Aufkommen der Ölheizungen brauchte die zum Anfeuern so beliebten Rutenbündel allerdings niemand mehr. Aber selbst die Motorsäge hat nicht verhindern können, dass man in den Allmendwäldern immer noch in Gruppen arbeitet. Waldarbeit ist eine unterschätzte, gefährliche Arbeit geblieben. Es gibt jedes Mal mehr Tote beim maschinellen Aufräumen als durch den Sturm selbst. Das wäre beim früheren Tempo nicht möglich gewesen, eine gefährliche Spannung im Holz wäre niemandem entgangen. Gespräche an der Säge gehören der Vergangenheit an. Heute geht es kanadisch zu. Niemanden kümmert mehr die ideale Fallrichtung, die man oft lange diskutieren musste, um die jungen Tannen und sich selber zu schützen. Und niemand schien an die Folgen zu denken, als es mit der Fliegerei stetig aufwärts ging, bis dann die Fallrichtung alle überraschte.

Der alte Frehner und der Wintsch vom Oberdorf zogen noch lange am Fuchsschwanz, als die erste viermotorige TWA beim Anflug auf die neue Westpiste beinahe die Baumwipfel streifte. Wuchsen die Bäume schneller nach, wenn man pressierte? Zeit zu sparen, wo es nichts zu sparen gab, war unten noch ein Fremdwort, während oben und auf allen Seiten des Korporationswaldes schon protestantisch auf die Sekunde gerechnet wurde. Um Sekunden ging es bald überall. Es ist das Tempo, das blind macht für die Details, in denen sich der Teufel so gerne versteckt. Und er versteckte sich lange.

Aber niemand wollte es langsamer haben. Man war stolz auf die Anlagen, die die Welt hereinbrachten nach Badersdorf. Das hiess, die Jungen waren es, und »jung« war man, bis der Hofpatriarch vom Bürdelistock kippte. Das konnte allerdings erst mit achzig geschehen. Der junge Frei konnte selbst schon mehrfacher Grossvater sein und war immer noch »jung«. Jung war man so lange, bis der Vorgänger Platz machte – man konnte allerdings umgekehrt schon mit Fünfundzwanzig zum »Alten« werden, wie es durch einen Flugunfall einem ganzen Dorf geschah.

Und Hostesse wurde umgehend zum Traumberuf aller Mädchen in Badersdorf, während die Jungen selbstverständlich Pilot werden wollten, am liebsten gleich Testpilot in Amerika. Die militärische Eignungsprüfung, schon mit siebzehn, war der erste Schritt dazu. Militärpilot oder, wenn der verflixte Sehtest nicht hinreichend war, Fallschirmspringer bei den Grenadieren oder, wenn es denn sein musste, wenigstens Werksoldat in den Flugzeugkavernen – so hiess die Hitparade der Sehnsucht aller Badersdorfer Buben.

Ich war Vater nachgeraten, einem Improvisator, und war deshalb fürs Fliegen ungeeignet. Einmal abgestürzt, kann man's nicht zurücknehmen. Ich hatte es mit dem Boden, nicht dem Himmel, von Anfang an. Das tat der Begeisterung fürs Fliegen allerdings keinen Abbruch, ganz im Gegenteil.

Das Grösste waren die Flugmeetings im Sommer. Sie waren sozusagen die Ernte des Lärms. Wir Buben erkannten selbstverständlich alle gängigen Flugzeugtypen schon an ihrem flächendeckenden Chrosen und Pfeifen, selbst wenn sie im Nebel über Badersdorf flogen. Am

Sonntag wanderten wir in Scharen zum Flughafen, um uns weiterzubilden. Unter der Woche musste das Flugmagazin *Interavia* genügen, das mein ältester Bruder aus dem eigenen Sack am ersten Donnerstag des Monats kaufte.

Die Militärmaschinen waren leicht auseinanderzuhalten: Venom und Vampire mit den zwei Schwänzen sowie die drei Typen von Übungsflugzeugen aus Stans waren lange Zeit die einzigen unter der Woche. Am Sonntag oder für die beliebten Keuchhustenflüge hob sich die unendlich langsame Tante JU, eine Junkers aus der Nazizeit, in die Lüfte. Da sie keinen Druckausgleich kannte, kurvte sie bei geöffneten Fenstern mit den auf Linderung hoffenden Kindern in Kappen und Wintermäntelchen kreuz und quer über die Dörfer um Badersdorf oder für einen Alpenrundflug um die Kurfirsten und den Alpstein. Solange die Tante JU aufkreuzte und wenn bei schönem Sonntagswetter die Gasballone vom nahen Gaswerk aufstiegen, war Badersdorf im Schuss. Wie Fotos zeigen, war früher noch ein kleiner Zeppelin unterwegs gewesen, der dem Direktor des Hallenstadions am Stadtrand gehörte. Aber als er bei einer Besichtigungstour mit Freunden kommentierend auf Baumhöhe am eigenen Stadion vorbeifliegen wollte, explodierte die Zigarre, was seinem stolz vorgeführten Gebäude eine Reihe teurer Glasscheiben kostete. Die Passagiere kamen mit dem Schrecken davon, und die Zeppelin-Ära war auch über Badersdorf vorderhand vorbei.

Die ernstzunehmenden schnittigen Kampfmaschinen kamen allerdings nur zu den Meetings, selbst aus dem fernen Moskau. Konnte dieser Kommunismus so schlecht sein, wenn sie doch die modernsten Maschinen brachten und so bäurisch lachten in ihren runden Lederkappen, diese Russen? Das musste man ihnen lassen: Fliegen konnten sie. Auch bei den Geschicklichkeitswettbewerben im Helikopterfliegen sahnten sie alles ab, was nach Pokal aussah. Sie waren imstande, aus einem Krug an einer Seilwinde Wasser in Becher einzuschenken, ohne einen einzigen umzustossen. Unser beliebter Gletscherpilot, der später abstürzte, hatte keine Chance. Die Russen brachten ihr eigenes Kerosin in Fässern mit, weil es billiger war, und sie lebten in den Baracken am Hangar von Sandwiches – alles nur, damit sie fliegen konnten. Tolle Burschen! Auch die Amis und Tommies. Aber wenn dann die P16 kam, unsere Eigenkonstruktion aus Altenrhein, konnten sie alle einpakken. Sie hatte zwar noch ihre Macken, das war klar – und gut, die erste war beim Testflug gleich hinter dem Werk in den Bodensee gefallen –, aber wer weiss, wieviele Testpiloten draufgingen, bevor ein britischer Senkrechtstarter aus dem Stand auf seine Touren kam. Und wer wusste von den verschwundenen russischen Kosmonauten, bis einer zufälllig überlebte und von der grossen Mauer winken durfte?! Meine älteren Brüder berieten mich bestens, und ich trug es brühwarm in die Schule.

Comet hiess es, das erste Passagierflugzeug ohne Propeller, das eines lange erwarteten Sonntagmorgens leibhaftig vor der Tribüne stand. Die Düsen würden ein neues Kapitel eröffnen. Wir kannten es längst aus der *Interavia.* Das Problem war nur: Wie sollten all diese neuen Wundermaschinen bei uns landen können, wenn wir nicht endlich Pisten bereitstellten, deren man sich nicht zu schämen brauchte; es kämen noch ganz andere Kaliber zu unseren Meetings, aber eben, die schlafen halt in ihren Büros! Ich rapportierte wörtlich.

Doch aus lange unerfindlichen Gründen stürzte ein Comet nach dem andern ab. Am Düsenantrieb lag es nicht, dass der Comet so unmittelbar von den Radarschirmen verschwand. Es stellte sich heraus, dass die viereckigen Fenster nach einer gewissen Anzahl von Flugstunden

Risse bekamen und das Flugzeug zum Absturz brachten. Pech für das englische Familienunternehmen, das vormals seine berüchtigten Kampfmaschinen gegen die Nazis in Klavierwerken herstellen liess, weil Holz nicht auf den deutschen Radargeräten erscheinen konnte. Genial, diese Briten! Und mutige Flieger allesamt! Nur half ihnen aller Mut nichts – die Firma schrumpfte im selben Masse wie Badersdorf wuchs, auch wenn die britischen Flieger im Bahnhofskino jede Schlacht gewannen: Das Comet-Projekt wurde eingestellt, Indien ging verloren, und die Amis kamen definitiv und breit auf den Plan mit ihren immer grösser werdenden Maschinen. Die Russen konnten bald nur noch kontern oder sie kurzfristig überflügeln, aber das meiste blieb Gerücht, die *Interavia* strotzte vor Fragezeichen.

Wer aber kann noch wirklich ermessen, worum es eigentlich ging: die Swissair.

Wir Badersdorfer Kinder hätten nicht eine Sekunde gezögert zu behaupten, das Schweizerkreuz habe man der Swissair abgeschaut, das Rote Kreuz sowieso. Unnötig, den roten Pass zu erwähnen, den man später am Flughafen mit einer Lässigkeit unter dem Glasfensterchen durchschob, die fragen wollte, warum das überhaupt noch nötig war, man würde es uns doch wohl ansehen, das gewisse Etwas. Ja, man hat die Schweiz der Swissair abgeschaut. Genauso waren wir eben: solide, pünktlich, sicher und doch weltoffen, auf dem neuesten Stand, von allen beneidet, die Gastronomie an Bord legendär wie der Himmel über St. Moritz.

Der Tonfall der Kapitäne namens Sturzenegger und Steinberger, die dann aus den Wolken zu uns sprachen, machte noch einmal klar, dass es eigentlich überflüssig war, einen guten Flug zu wünschen. Sie waren Helden, die da vorne im Cockpit; sie hatten zu Recht ihre Hostessen und ihre Einfamilienhäuser am Rosenberg. Wieder ein Streckenrekord nach Rio, noch eine Destination in Asien, sie wenigstens mussten locker sein, wenn wir es schon nicht waren. Sie mussten sich ausruhen an der Copacabana mit ihren Pilotenbrillen, deren Kopien aus Taiwan bald jeder vor dem Café City in Badersdorf trug. Die Hostessen rissen ihnen gerne die Papiersäckchen auf mit dem Assugrin, und gegen die Stäubchen und Brosamen auf der Uniform gab es jetzt den Klebroller. Man konnte sie bequem von hinten bedienen, während sie in ihrer Geheimsprache mit dem Tower schäkerten und locker Schälterchen knipsend in die Nacht hineinflogen – und wir mit ihnen im Bahnhofskino. Piloten hatten nur eines zu sein: gut gelaunt. Erst recht in Notsituationen. Lächerlich, die zu erwartenden Turbulenzen über dem Atlantik, welche sie so beiläufig ansagten, wie sie wohl auf eine lästige Fliege im Cockpit hinwiesen, damit ein Steward komme, um sie zu fangen. Atlantikflüge waren geradezu unsere Spezialität geworden.

Und kurbelten nicht zuverlässigst da unten in den Wellen des Atlantiks unsere gigantischen Schiffsturbinen aus Winterthur, für deren Transport man auf dem Weg nach Hamburg extra Brücken abtrug? Waren nicht ein Drittel der männlichen Passagiere der Swissair Ingenieure auf dem Weg zu ihren Turbinen in Venezuela oder Hochkommissare des Roten Kreuzes oder der Helvetas auf dem Weg zu ihren Pumpen und Flüchtlingen in Afrika? Waren wir nicht die geborenen Diplomaten, die geborenen Lehrer? Wollten nicht alle ihre Kinder in die Schweizerschulen schicken, zu Herrn Inderbizin in Bogota oder Fräulein Zurbriggen in Sao Paulo, die am ovalen Fensterchen mit ihrem Enzianfoulard die *NZZ* liest. This is your Captain speaking, sprachen wir zur Welt. Und Badersdorf lag gleich nebenan.

Das Bankgeheimnis war noch ein Geheimnis, Zukunft war kein Schreckwort. Sogar die Grossmutter mütterlicherseits liess ihr Ticket zum Neunzigsten nicht verfallen und flog in Begleitung des Bruders mit der neuesten Caravelle nach Genf. Mehr noch als das Alpenpanorama freute sie der Umstand, für den Imbiss an Bord nichts bezahlen zu müssen, soviel man auch bestellte. Verwegen winkte sie von der Treppe, inmitten zweier Hostessen. Grossmutter redete von nichts anderem mehr. Als sie geboren wurde, hätte sie sich nie und nimmer träumen lassen, einmal über den Wolken gratis eine warme Mahlzeit serviert zu bekommen.

Immer nur lächeln! stand in der *Schweizer Illustrierten*. Gewiss, aber lächelten unsere Stewardessen nicht gerne? Unsere lächelten tatsächlich gerne, wie sollte es auch anders sein, wenn man zum Tempeldienst bei der ersten Airline auserwählt ist. Sollen sie es ruhig toll haben mit den quirligen Stewards, während sie mit ihren Wägelchen an der Warteschlange vor der Passkabine vorbeieilen, als hätten sie uns vorher nie gesehen. Von den Felberzwillingen war eine auch Hostess geworden, und mit dem Kinderkriegen hat das neuerdings seine Zeit, dank dieser Pille. Zuerst Geld verdienen, dann muss man nicht den Erstbesten nehmen. Ihrer ist ja aus Südafrika, also fast ein Schweizer, so wie die dort unten für Ordnung schauen.

Die Swissair war sozusagen mit der Alpenfaltung entstanden. Sie war jedenfalls schon da, als wir zur Welt kamen, und sie wuchs mit uns heran. Das Denkmal des beim Klettern abgestürzten Luftpioniers am sonntäglichen Fussweg zum Flughafen war das erste Denkmal, das ich zu Gesicht bekam. Badersdorf war landesweit bislang bloss durch einen Abzählvers für Kinder in Erscheinung getreten, der sich auf »Zwiebeln schälen« reimen musste. In Badersdorf hatte es nie jemand auch nur zu einem

Täfelchen gebracht, geschweige denn zu einem Sockel. Russische und napoleonische Truppen bekriegten sich ein paar Tage lang in den Sümpfen um die alte Holzbrükke, weiter war nichts Wichtiges bei uns geschehen. Wir fanden beim Pflügen noch immer Uniformknöpfe und die unglaublich kleinen Hufeisen der Russenpferdchen. Goethe kam aus der anderen Richtung. Der Musterbauer, der Kleinjogg, von dem sich der Geheimrat aus Weimar in die Geheimnisse des Güllefführens hatte einweihen lassen, pflügte die besseren Böden, jenseits der Westpiste, von Anfang an. Auch der schweizerische Nationaldichter, der die Gegend um Badersdorf vor hundert Jahren beschrieb, wusste wenig Rühmliches.

Aber mit dem Flughafen kamen sie, die Denkmäler, wenn sie auch durchwegs Abstürze markierten. Immerhin, Kaiser und Präsidenten mussten über Badersdorf herunter, man konnte es am anderen Tag im *Unterländer* lesen. Nur logisch, dass eine DC-8 deshalb auf den Namen Badersdorf getauft wurde. Das Badersdorfer Wappen – eine gedeckte Brücke, deren Sockel in die Römerzeit zurückreichten – segelte in die grosse Welt hinaus, während ihr Original der Umfahrungsstrasse weichen musste.

Das Denkmal zeigte einen Adler, den Königsvogel, wie es unter Fig. 15 im Einklebealbum der Flugzeugtypen hiess, das jeder Badersdorfer Bub mit sich herumtrug. Das Bildchen zeigte den besagten Pionier mit Silberblick vor seinem Doppeldecker. Er war wohl der Sonne zu nahe gekommen, wie jener mit den Wachsflügeln unter Fig. 1. Sie gehörten dem Jenseits, von Anfang an, diese bleichen schweigsamen Helden der ersten Seiten. Sie wollten fliegen, nicht rechnen, sie wollten spielen, nicht reden.

Frauen unter den Pionieren durften bestenfalls Kameraden sein, sie gehörten nicht Männern, sie gehörten ihren Maschinen, an die sie sich zärtlich anlehnten in ihren ledernen Overalls. Ihre dicklichen Financiers, die sie zwischen zwei Flügen per Telegraf hastig heirateten, damit ihre Weltumrundung finanziell gesichert war, blieben sowieso zurück am Start und trugen schwarze Armbinden in der *Interavia*, wenn es ihre trotzigen »Töchter« vorzogen, sich dem Pazifik in die Arme zu werfen, anstatt erwachsen zu werden. Der erste Alpenüberquerer starb bei der Landung in Domodossola. Die Swissair-Gründer Mittelholzer und Zimmermann starben im Abstand von nur fünf Monaten, nachdem die Pisten bereitet waren.

Die ersten ernstzunehmenden Linienpiloten der Fünfzigerjahre waren eher Diplomaten als Piloten. Der Gatte meiner Gotte war einer von ihnen. Sie schaute jedes Mal auf einen Sprung herein, nachdem sie ihn mit dem Studebaker auf den Flugplatz gebracht hatte. Man hatte schon vor dem Krieg weltweit den ersten Hostessenservice und die ersten schallgedämpften Maschinen gehabt. Und keine andere Fluggesellschaft besass schnellere Passagiermaschinen! War unser Stolz nicht wohlbegründet? Für Rabauken von der Art der Kavalleristen der Lüfte, die im Ersten Krieg erst salutierten, bevor sie schossen, war die Zeit endgültig vorbei. Man wollte jetzt Luftkapitäne in weiss und blau, keine Maschinisten in Overalls, die ölige Putzfäden aus der Hintertasche hängen hatten.

Man hatte jetzt Geschirr an Bord – das erste, was palästinensische Freischärler in Sicherheit brachten, als sie später eine Swissair-Maschine sprengten. Und eine Fluggesellschaft, die auf Porzellan setzte, hatte ja wohl nicht vor, abzustürzen.

Schweizerische Verlässlichkeit sollte nun zum Tragen kommen – und trug auch Früchte. Selbstredend, dass nur Kaiser einem wachsenden Imperium vorstehen dürfen. Die ersten Direktoren des Flughafens liessen dicke Uhrketten aus ihren Westen baumeln und sprachen bei den vielen Gelegenheiten, wenn sie von Trachtenhostessen gereichte goldene Scheren ergriffen, um neue Pisten oder Hangars zu eröffnen, frei aus dem prallen Bauch heraus. Es spielten die *Dixie Stompers*, und es gab auf den neuen Pisten Bratwurst und Freibier, was kein Badersdorfer jemals verpasste. Sie hätten geradesogut Präsidenten des Bauernverbandes sein können oder der Vereinigung der Baumeister, die jedes Jahr in Badersdorf tagten. Keine Frage, dass man sie bei den Parlamentswahlen, unabhängig von der Partei, zuoberst auf die Wahlliste schrieb.

Aber mit Politik hatten wir es noch lange nicht. Wir hatten andere Helden. Der Bomben-Schaffner war unser Mann! Die Bergungen der B17- und B24-Bomber, die damals mit dem letzten Tropfen Benzin knapp über den Dächern Badersdorfs den nahen Militärflugplatz angesteuert hatten, waren Medienereignisse ersten Ranges gewesen. Die Illustrierten zeigten notgelandete Bomber in Bungerten und Kartoffelfeldern, man zog sie mit Pferdegespannen durch die Dorfstrasse. Einige versanken im Bodensee. Hatten wir kein El Alamein, so hatten wir doch die »Kartoffelschlacht«; hatten wir keinen erprobten Kriegshelden, so hatten wir jetzt einen erprobten Bergungshelden. Er hatte alle Tricks auf Lager, um die Riesendinger an die Wasseroberfläche zu bringen. Auch im Ingenieurswesen musste uns niemand kommen.

Sonntagsausflüge zu den Fliegenden Festungen und zu den Folterkammern diverser Burgen waren die einzigen Ausflugsziele, die wir nicht mit Murren quittierten. Die Bomber standen, von hohen Bretterzäunen umgeben, da, wo Schaffner billiges Land für ein Freilichtmuseum finden konnte. Aber wie es so geht: Es kommt nach ein paar Jahren der Tag, wo alle gesehen hatten, was sie sehen wollten und die Gevierte verfielen. Ausser uns Buben hielt es niemand für nötig, diese durchlöcherten Rosthaufen mehr als einmal zu besichtigen. Mutter wollte von vornherein nicht verstehen, was es da zu sehen gäbe; aber ihre Männer verschwanden in den Holzgevierten und gaben eine Stunde lang Ruhe am Sonntag; sie konnte auf dem Nebensitz der Isabella die Augen schliessen.

Als die Kerbel und Brennesseln dieses Gelände übernahmen und die letzten vernachlässigten Schäferhunde abgezogen waren, kam unsere Stunde. Das nächstgelegene verlassene Holzgeviert war mit dem Fahrrad an einem schulfreien Nachmittag in drei Stunden zu erreichen. Auf dem Velosattel stehend, konnte man sich mit einem kleinen Sprung über die Umzäunung hangeln. Nun hatten wir das schlafende Ungeheuer stundenlang ganz für uns allein: die an allen Ecken und Enden durchlöcherten Glaskuppeln, die MGs, die Bombenschächte und natürlich das Cockpit, das von einem nach dem andern auf die Sekunde genau abgezählt in Beschlag genommen wurde. Diese Jungs in ihren gefütterten Bomberjacken, kaum ein paar Jahre älter als wir, hatten es tatsächlich gebracht: Sie waren übers Meer und durch die Nacht über brennende Städte geflogen, einzig den grün phosphoreszierenden Strohhalmen folgend, die im Armaturenbrett zitterten. »Tscharli wan tu Tscharli tu, pliis anser.«

Abends, so wusste Jakob, der älteste von uns dreien, besoffen sie sich in den Bars rund um die Barackenlager und liessen die abgeschossenen Krauts hochleben – falls sie nicht hatten abspringen und sich, von jungen Bauernmägden versorgt, in Scheunen verstecken müssen. Er wusste es vom Bahnhofskino in der Stadt, das er heimlich besuchte. Krauts hiessen die Deutschen und GI's die anderen. Flieger hätten nämlich nichts wirklich gegeneinander, sagte er. Und klar, dass sie auch in ihren Baracken Weiber hatten, an jedem Finger zehn Stück. Die Jungs sollten etwas haben, bevor sie vom Himmel trudelten.

Und jeder dritte kam nicht wieder. Wir glaubten Jakob aufs Wort.

Eine hatten sie zumindest: Sie hiess Josephine und war auf die Tür des Cockpits gemalt. Good luck! wünschte sie. Sie hatten Glück, diese Boys, so oder so! Ob unsere Jungs aus der B24 noch dazu gekommen waren, in Klosters Türler-Uhren zu kaufen oder Adelboden unsicher zu machen? Oder lagen sie bereits auf den kilometerlangen weissen Gräberfeldern am Atlantik, wie sie im *Gelben Heft* abgebildet waren?

So oder so, wir Buben hatten ihn gewonnen, den Krieg, definitiv, und Josephine stieg mit uns in die Lüfte und unter die Decke. Nach Hause waren es wieder drei Stunden per Velo.

Unsere Schlachten im Cockpit konnten nicht verloren werden. Wir würden ausziehen und die Welt belehren. Wir schworen es mit unserem Blut und vergruben die Konservenbüchse mit dem Zettel und drei Würfeln drin neben dem Fahrwerk. Jakob, Fritz und ich würden niemals die Josephine verraten, weil sie Kreolin war oder zuviel rauchte oder dem Gin anhing, so dass sie manchmal etwas übernächtigt aussah. Sie war der beste Kerl der Basis. Aber die Autobahn brauchte einen Zubringer. Eines Tages standen die Bulldozer vor dem Holzgeviert, und aus war es mit der Flugbasis unserer Träume.

Dann passierte es. Und wie immer traf es die Falschen. Die Bauern von Huttikon, einem kleinen, nicht weit von Badersdorf gelegenen Dorf gegen das Weinland zu, wollten auch einmal erlebt haben, wie es war, in einem dieser Jets zu sitzen, die täglich über ihre Weinberge donnerten. Statt mit dem Zug wollten sie mit einer Caravelle von Zürich nach Genf zur Landwirtschaftlichen Ausstellung reisen.

Doch am besagten Morgen lag um sechs Uhr dicker Nebel über dem Flugfeld, und es war höchst fraglich, ob gestartet werden konnte. Der Pilot wollte den Bauern, die er vermutlich extra im Dialekt begrüsst hatte, die Freude nicht verderben und beschloss etwas Gewagtes, wenn auch Erlaubtes: die Piste mit halb angezogenen Bremsen erst abzufahren, um den Nebel zu vertreiben, und dann umzukehren, um zu starten. Was er nicht gemerkt hatte, war, dass die überhitzten Bremssysteme bereits Feuer gefangen hatten, als das Fahrwerk eingezogen wurde. Das auslaufende Hydrauliköl besorgte den Rest. Das Flugzeug bohrte sich, kaum zehn Minuten in der Luft, am Rande eines Bauerndorfes ins Feld.

Auf einen Schlag waren die Eltern eines Dorfes und der gesamte Gemeinderat umgekommen. Der Schock in Badersdorf war unerhört. Es hatte auch früher kleinere Flugunfälle gegeben, das konnte anders wohl nicht gehen. Aber das?! Sollte das nun der Preis sein? Wenigstens konnte man helfen. Von allen Seiten kamen die Bauern mit Traktoren und Samro-Kartoffelerntern; wir brachten auf den Sonntag hin Zainen mit Zöpfen, für jede Familie einen; von den Nachbardörfern kamen sie zum Melken und Mosten.

Was war den Huttikoner Bauern wohl durch den Kopf gegangen, als sich beissender Rauch im Passagierraum verbreitete? Man dürfe es gar nicht denken, hiess es am Mittagstisch. Wie ging das: etwas nicht zu denken? Rauch war man sich gewohnt. Jeden Morgen, wenn Vater zum Anheizen ein halbes Bürdeli in den Ofen steckte und mit dem Fuss nachtrat, kam eine geballte Rauchwolke daraus hervor und füllte Küche und Haus. Ich liebte diese Wolke. Rauch hiess, es würde in Kürze warm und vor allem trokken werden. Wegen ein bisschen Rauch wird man doch nicht gleich hysterisch werden. Die gestandenen Männer an Bord in ihren ärmellosen Selbstgestrickten – ich höre sie – werden ihrem Vertrauen in die Flugsysteme wohl noch lange Ausdruck verliehen haben. Es gab bereits ein paar Bauernsöhne unter den Piloten, und man wusste: Alles war mehrfach gesichert angelegt, die »Schaffhausen« konnte sogar noch mit einem einzigen Triebwerk weiterfliegen; und wenn die Räder nicht ausfahren wollten, legten sie einen Schaumteppich auf die Piste. – Aber die letzte dieser zehn Minuten? Wie verlief sie?

Den Erwachsenen an unserem Mittagstisch half bei solchen Fragen offenbar nur die unausgesprochene Übereinkunft, dass es das gar nicht geben durfte. Oder den Trost, dass es für die Betroffenen jeweils schon vorbei ist, wenn man davon erfährt. Was am Mittagsradio Schreckliches gemeldet wurde, war genügend viele Kilometer entfernt und vor allem schon vorbei. Die Opfer hatten uns immerhin voraus, dass sie nie mehr dem Risiko ausgesetzt waren, Minuten erleben zu müssen, über die man nicht nachdenken durfte. In Badersdorf gab es sie einfach nicht, die Momente der Verlassenheit, diese Blitze des Schrecklichen, die unvermittelt in ein sensibles Kinderleben einschlagen können und ihre unvergesslichen Kerben hinterlassen: als ich an der Kreuzung sah, wie unser Pferd mit dem Heuwender – Lehners Jacke an einer Gabel aufgespiesst – gemächlich abbiegend nach Hause trottete und vor dem Stall stehenblieb...

Gegen das Schlimmste hat der liebe Gott die Ohnmacht gemacht, schrieb ich in mein Tagebuch, das mir Schutz und Bollwerk gegen die Ausblendungen der Erwachsenen war. Was also geschah wirklich in der letzten dieser Minuten, als in jener Caravelle keine vertraute Gemeindepräsidentenstimme mehr dagegenhalten konnte?

Grossvater hätte wohl geflucht, dass die bleichen Hostessen rot geworden wären. Grossmutter wäre wohl in ihren stummen Krampf verfallen, die Hände im Schoss gefaltet. Vor dem Scherer verstummt das Schaf, das konnte ich beim Scheren unserer Schafe bestätigt finden. Aber wir waren keine Schafe, sondern Scherer. Die Antwort war nicht in Badersdorf zu erwarten. Man wollte hier nicht über Dinge schwatzen, über die man nicht reden kann. Helfen und schweigen war Bauernart. Mich aber zog es alsbald zu den Rednern in die Stadt. Als sich Jahre später die zweite Flugkatastrophe ereignete, war ich selbst schon geflogen, allerdings ohne einer Antwort nähergekommen zu sein. Im Gegenteil. Die Kerben sassen tief. Ich bin noch lange ein stummes Schaf geblieben.

Und an Flugzeugentführungen dachte noch niemand. Verglichen mit heute stieg ich bei meinem ersten Flug, nach Bournemouth zum Sprachaufenthalt, schwerstbewaffnet an Bord. Keine Auslandsreise ohne diverse Grössen unseres allerseits beliebten Armeemessers mit dem roten Kreuz, wie es auch die Heckflosse des Flugzeugs zierte. Man würde es Eingeborenen schenken und eilfertigen Portiers, je nach Verdienst mit einer Klinge mehr. Der Papst kam zu einem Zwanzigfachen aus der Hand eines rührigen Bundesrats. Mao, so zeigte *Fox tönende Wochenschau* im Stundenkino, bestaunte lächelnd die kleine Säge.

Verdächtigstes weisses Pulver passierte damals kiloweise ungehindert den Zoll. Denn ohne Maizena war kein halbwegs anständiges Fondue zu bereiten mit ausländischem Käse für Mister and Mrs. Brown an der endlosen Ausfallstrasse von Bournemouth mit den abertausenden gleichen Häuschen, aus denen jene Boys aufgebrochen waren, um uns zu befreien.

Es war die Zeit, als die Haustüren im Dorf, zumindest die der Bauernhäuser, nie abgeschlossen waren. Ich habe nicht in Erinnerung, meinen Vater jemals mit Schlüsseln hantieren gesehen zu haben. Man stiehlt einfach nicht. Einmal beim Stehlen ertappt worden zu sein, wäre früher unter Bauern einer Brandmarkung über mehrere Generationen gleichgekommen. Nicht einen Stein nahm man vom Feld des anderen, mochte man auch den eigenen auf das Feld eines Habenichts werfen. Und man sprengt nicht eine wehrlose »Nidwalden« mit Schweizer Kreuz in die flimmernde Wüstenluft, erst recht nicht vor laufender Kamera.

Wir werfen am Sonntag die spärlichen Münzen ins Kässeli mit dem nickenden Mohrenkind, wir sammeln auf Weihnachten für ihre armen Kinder mit Fliegen am Mund, und später sprengen sie unsere Flugzeuge, wo eines mehr kostet als alle Beduinendörfer zusammengenommen. Diese Terroristen hätten es gründlicher mit uns nicht verderben können!

Vertraulich kommt von Vertrauen. In einem Land, in dem niemand seine Tür abzuschliessen brauchte, mussten Schliessfächer doppelt sicher sein. Die Banken florierten, die Stadt florierte, Badersdorf platzte aus allen Nähten, und die Swissair flog in die Welt hinaus mit der Kappelbrücke auf den Schokoladetäfelchen, die es zu jedem Kaffee noch extra und gratis gab.

Aber man kann nicht nur die Rosinen haben, man muss den ganzen Kuchen essen, wie Grossvater jeweils sagte. Mit der Welt kam auch der Terror herein: ein Anschlag mit Maschinenpistole vom Parkfeld an der Piste auf eine Maschine der Israeli. Im gleichen Jahr noch folgte das dritte Extrablatt nach dem Kennedy-Mord und der Mondlandung: Im Gepäckraum, an Bord der »Basel-Land«, einer Coronado, sei eine Bombe explodiert. Die Maschine war auf dem Weg nach Israel mit 47 Passagieren an Bord. Schon wieder füllte sich eine Maschine mit Rauch, der Pilot drehte bei, konnte aber den Absturz in einen Wald ein paar hundert Meter neben einem Atomkraftwerk nicht mehr verhindern.

Doch der Nahe Osten war weit weg, Israel der tapfere David – ein Eidgenosse in der Wüste. Terror dieser Art hatte noch keine Tradition. Es war noch unvorstellbar, dass es einem Menschen in den Sinn kommen konnte, angesichts all der Waisen, für so etwas die Verantwortung zu übernehmen, wie es später gang und gäbe wurde, als ob dadurch die Toten wieder auferstehen würden. Andererseits: Was musste man Menschen in diesem Nahen Osten angetan haben, dass es solcherweise zurückkam über unschuldige Passagiere, über Frauen und Kinder bei uns? Mein Tagebuch nahm es moralisch: Wenn auf beiden Seiten Unschuldige büssen, muss es dazwischen Schuldige geben, die nicht büssen, also kein Gewissen haben. Also muss man es ihnen beibringen: Du sollst nicht töten, zumindest nicht töten ohne Not.

Ohne Stehlen ging es nicht, jedenfalls nicht unter Badersdorfer Buben, das hatte Moses nicht zu Ende gedacht. Aber auf das Legen von Bomben durfte niemand sein Geschäft bauen. Kein Tagebuch der Welt durfte es in Betracht ziehen. Nicht Unschuldige! Nicht die Armen! Den Gessler schon, der es für die Schüleraufführung am Nachmittag offenbar nicht für nötig fand, in der Garderobe seine Armbanduhr auszuziehen, und am Bühnenrand androhte, die Aufführung werde abgebrochen, wenn es auf dem Balkon nicht endlich aufhöre mit dem Tumult und den Papierfliegern, die wir aus dem Programmheft falteten. Der Gessler hat nichts zu melden, wir haben Dolche im Hosenbund! Nicht den Tell und nicht die »Nidwalden«, meine Herren, wo immer auf der Welt! Eher den Tod, als in der Knechtschaft leben! Das sahen die Terroristen auch so. Man muss zusammenstehen!

Bald sprach niemand mehr von der »Schaffhausen« und der »Nidwalden«. Die Minuten, die man nicht denken durfte, breiteten sich rasch über ganze Serien von Ereignissen aus. Mit dem zunehmenden Flugverkehr kamen neue Gedenksteine dazu, auf die man nur zufällig stiess, in den Wäldern rund um Badersdorf. Die Schneisen wurden sofort mustergültig wieder aufgeforstet, wie es unser einzigartiges Gesetz verlangt, weil man keinen Baum fällen darf in diesem Land, ohne einen anderen zu pflanzen. Das menschliche Versagen – in Badersdorf jedenfalls allgegenwärtig – machte vor den Lotsen-Towers nicht halt, man gewöhnte sich allmählich daran, von Bomben und Entführungen zu hören.

Da musste die Swissair durch, wie andere Fluggesellschaften auch, und sie wuchs und wuchs.

Bald wurde es schick, dass Fliegen zur Routine wurde. Bevor man am Schalter nach einem Fensterplatz fragte, schaute man sich um, ob es jemand hören konnte; dieser hätte sonst meinen können, man fliege zum ersten Mal. Die jungen Manager der Swissair kauften rundum Fluggesellschaften auf, die Swissair sollte Nummer Eins werden. Sie nannten es »Hunter-Strategie«.

In den Sagen des klassischen Altertums, so wusste Reclams Zusammenfassung, bezahlte man fürs Fliegen mit dem Leben, weil man es den Göttern gleichtun wollte. Und Götter wollen keine »stiebenden Stege« an Felswänden der Alpenpässe, wie es schon das Lesebuch der dritten Klasse beschrieb, keine Tunnels und offenbar auch kein fliegendes Geschirr. Man überquert nicht ungestraft schlafend Kontinente und Meere, man fällt nicht Bäume bei Musik aus dem Kopfhörer der Traktor-Cockpits. Der Preis würde unmerklich, aber nachhaltig eingefordert werden. Im Mittelalter kam der Bocksbeinige, präsentierte die Rechnung und wollte die Unschuld haben, die man verspielt hatte. Plötzlich ist der Schaden unermesslich, die Lage teuflisch. »Leider ist es uns aus finanziellen Gründen nicht mehr möglich, den Flugbetrieb durchzuführen« – schlimmer hätte es aus einem Lautsprecher des Landes nicht tönen können. Auch das Ausland traute seinen Ohren nicht.

Das »Grounding«, wie es plötzlich alle nannten, flog wohl von Anfang an mit. Fernweh mit Fleiss musste zu einem fulminanten Start führen, aber zu mehr fehlte dann doch die Kraft. Die Schweiz war wohl zu klein fürs Fliegen. Die Kampfjets mussten schon lange ins Ausland, wollten sie genügend Raum haben zum Üben; stets drohte eine Landesgrenze. Ein Pilatus-Porter mochte angehen – mehr Traktor als Fluggerät. Grosse Projekte müssen scheitern, wenn der Geist in Grenzen liegt. Gnome sind nicht fürs Fliegen bekannt. Fliegen war nicht Schokolade und nicht Chemie, schon gar nicht Käse. Ausser einem treuen Lastwagen war auch kein Automobil je über das Anfangsstadium hinausgekommen. Ein Land ohne Boulevards konnte wohl solide Qualität, aber keine wirkliche Eleganz und Grösse hervorbringen. Die Franzosen würden das schönste Flugzeug der Welt bauen, zusammen mit den Briten, die einmal ein Weltreich ihr eigen genannt hatten.

Die bauernschlauen Patriarchen, die man nun eiligst zurückrief, konnten es nicht mehr richten. Ihre Ecken und Kanten, die man vormals für hinderlich angesehen hatte, konnten das Zelt nicht mehr halten. Auch Vater Staat kam zu spät. Die Spielschulden der Söhne waren masslos. So bunt hatte man es früher nie getrieben, so jung man auch einmal gewesen war. Wie hatte man ihren abenteuerlichen Strategien, die stets wechselten, nur aufsitzen können. Gestandene Verwaltungsräte stotterten in die Kameras. Die beiden eilig herbeigerufenen Sanierer scheiterten auf Anhieb. Der eine kapitulierte gleich, als er das Ausmass des Desasters begriff. Der zweite, unfreiwillig hochgejubelt und mit Hoffnungen zugedeckt, übernahm sich und floh beleidigt ins Land der unbegrenzteren Möglichkeiten, als bekannt wurde, dass auch er es nicht umsonst getan haben wollte.

Die Banken kehrten wie immer gerne zusammen – die emotionale Inkontinenz des Volkes würde sich wieder legen. Kapital konnte schon lange fliegen – und mit jeder Flagge. Ihre Logos waren längst auf drei Buchstaben geschrumpft.

Der Umkehr des Mythos Swissair konnte keiner gewachsen sein. Die Kommunikatoren, die vormals mit treuherzigem Blick in die Kamera geschaut und wider besseres Wissen das letzte Vertrauen der Nation erschwatzt hatten, verkrümelten sich in der Theatersenke und tauchten vor unverfänglicheren Kulissen wieder auf, als ob nichts gewesen wäre. Gier frisst Hirn, heisst es. Das sagte ein Grieche, der schon Athen versinken sah. Vaters Obligationen, die Mutters Alterspolster hätten werden sollen, hatten sich in Luft aufgelöst. Er hatte sie gekauft, als der ältere Bruder vom Automechaniker zum Flugzeugmechaniker gewechselt hatte und sein Leben lang bei der Swissair bleiben wollte, wenn nicht die Kündigung gekommen wäre.

Gier war es zuletzt, was die Badersdorfer mit dem Fliegen verband, obwohl sie davon profitierten. Für die Swissair hätte man seine Kinder verwettet. Am Schluss stand die solide Flotte exakt in Reih und Glied auf dem grossen Rollfeld, das einmal ein Sumpf gewesen war – mit dem letzten Notgroschen freigekauft, im Umschlag aus dem Cockpit gereicht; man hätte die Maschinen im Ausland sonst als Pfand behalten.

So wurde uns früher Geld für die Schulreise mitgegeben oder für den Bus auf den »Hasenstrick«. Man hatte den Zaun zu weit gesteckt, wie vormals die übermütigen Eidgenossen. Mailand war einmal unter ihrer Kontrolle gewesen, verloren jedoch mit der Schlacht von Marigniano, die immer noch ein Nationaltrauma ist. Den Zaun nicht zu weit zu stecken, war der weise Rat des Niklaus von Flühe gewesen, unseres Nationalheiligen, der bereits erkannt hatte, dass die Eidgenossen zwar dreinschlagen konnten, aber von Weltpolitik keine Ahnung hatten.

Die Schlacht war also verloren, vielleicht nicht der Krieg. Man konnte froh sein, dass die Flagge blieb. Die Maschinen starteten alsbald wieder mit dem weissen Kreuz, das ein englischer Designer reduziert hatte. Die Swissair wurde der deutschen Nationalflotte verkauft, die man einst zu überholen gedacht hatte. Der Phönix war in die Asche zurückgefallen. Ein nationaler Mythos mehr war dahin.

Die Welt hatte uns wieder.

*

Fox tönende Wochenschau

Es war ja abzusehen gewesen, dass dem Asphalt kein Kraut gewachsen war. Der Lavastrom aus der Stadt kam auf dem Weg des geringsten Widerstands weiterhin unerbittlich auf Badersdorf zu. Es würde kein Kreuz helfen, kein Silberlöffel, keine Kinderträne und auch nicht die Veloklammern der Sekundarlehrer, die uns weiterhin standhaft den Bauernstand besingen liessen in dem ungeheizten Singsaal des Schulhauses Alpenblick; so zum Beispiel, als der »Zürcher Kornspeicher« im Oberdorf aus der Zeit der grossen Hungersnöte in ein Freilichtmuseum im Berner Oberland versetzt wurde – in eine Landschaft, die nie einen Zürcher Kornspeicher hervorgebracht hätte. Aber immerhin waren die Hungersnöte vorbei, das ist unbestritten – dank all des Neuen, das man am Anfang verflucht und sich dann zu eigen macht.

Wann hatte es das gegeben, und wer hätte das gedacht in den Kriegsjahren und noch ein paar Jahre später, dass es derart aufwärts gehen würde mit allem und jedem! Aber hatten unsere Vorfahren nicht davon geträumt und sich dafür krummgelegt, dass wir es einmal besser haben sollten? Sollte man also nicht hineingreifen in die Füllhörner, die diesem kleinen Land offenbar zustanden?

Es war ja alles zum ersten Mal – und dem ersten Mal darf man verzeihen. Wenn auch mein kindlicher Instinkt dagegen sprach und einige Badersdorfer wie der alte Seeger mit dem Karabiner drohten, wenn man ihm zu nahe kommen würde mit dem Neuen. Was mich als Sekundarschüler betraf, so war ich einerseits eingenommen von den noch schüchternen Anfängen dieses bunten eskalierenden Treibens, während ich andererseits wütend war über die Motorsägen, die in den Bungerten in einer Stunde wegputzten, was in hundert Jahren gewachsen war. Es war, als legte man Hand an den Stammbaum, der mich mit Kraft und Schutz versah. Fünfhundert verbürgte Jahre legte einer dem andern das Heft des Bauernwesens in die Hand, und nun sollte es innert einer Generation vorbei sein, weil Städter glaubten, ein eigenes Appartement in der Agglomeration verspreche den Himmel auf Erden.

Aber das Schulgeld für die bessere Schule in der Stadt, in die man mich bald schickte, kaum dass man einem Zwölfjährigen die Regelmässigkeiten des Pendelverkehrs zumuten durfte, hätte definitiv nicht vom Milchgeld kommen können, auch nicht das neue Schwimmbad in Badersdorf mit seinem Eisfeld und schon gar nicht das Sackgeld für das erste der neuen Fenster zur grossen Welt, in denen die Phänomene dieser Entwicklung schon viel weiter gediehen waren: das Bahnhofskino mit *Fox tönender Wochenschau* für Fr. 1.50, so oft hintereinander, wie man wollte.

Das Neue wuchs schon immer in der Stadt. Das sah Vater auch so, als er Mutters Bedenken beschwichtigte, ich könnte den Verlockungen der Stadt noch nicht gewachsen sein. Sie hatte recht behalten, ich bin es noch immer nicht – und trotzdem bisher nicht untergegangen.

Der Zutritt ins Bahnhofskino sei ab zwölf Jahren gestattet, stand über der Kasse, und ich war zwölf, also kaufte ich ein Billett und ging hinein, schon in der ersten Woche. Ausser dem Weihnachtsmärchen im Kleintheater und *Aladins Wunderlampe* in der Nachmittagsversion des Opernhauses, wo ich durch Zwischenrufe aufgefallen sein soll, wie mir Vater später immer wieder schmunzelnd einredete, war in dieser Zeit noch nicht viel an städtischer Kultur zu mir nach Badersdrof vorgedrungen.

Fox tönende Wochenschau war die Tagesschau der fünfziger Jahre, das Tonsignet im Vorspann war der stets frische Marsch zum Tritt englischer Kolonialgarden, die noch immer marschierten, obwohl sie ein fastender Inder auf die feuchte Insel zurückverwiesen hatte. Und der hochdeutsche Kommentierton, der alsbald enthusiastisch einsetzte, wäre einem Goebbels nicht störend aufgefallen. Es gab noch immer nur Siege zu vermelden, hüben wie drüben, dafür oder dagegen, allenfalls planmässige Rückzugsgefechte in den Etappenraum, aus dem man um so heftiger würde vorstossen können in Gebiete, wo noch nie ein Weisser gewesen war. Es war noch alles offen – oder wieder einmal. Ich Stadtstreuner aus Badersdorf sog es ein und liess keine Vorstellung aus.

Fox tönende Wochenschau, auch den Vorstellungen der grossen Lichtspielhäuser vorangestellt – wie es Realisten noch treffend nannten –, als ich mit *Ben Hur* meine veritable Kinokarriere begann, war Boulevard und Volksbildung in einem: Brigitte Bardots Neuer, Edith Piafs Letzter, Adenauer beim Bocciaspielen am Comersee, die Wasserstoffbombe, der Bau diverser Staumauern, Sevillas Prozessionen, der Nazi in Argentinien, die Tour de France, der Kilimandscharo, die Nobelpreise, der Ku-Klux-Clan, der Untergang der »Andrea Doria« gefolgt von Beiträgen über die unerschrockenen Fensterputzer New Yorks oder die letzten Glasbläser in Kamerun, die mit einfachsten Mitteln Schmuckringe von betörender Schönheit herstellten, wie der Sprecher sagte. Überall in diesen Gebieten war noch nie ein Weisser gewesen, obwohl der Häuptling bereits eine Rolex trug, was ihm die Filmequipe offenbar nicht hatte ausreden können. – Die Welt als Familie in Schwarz und Weiss, ansonsten bieder.

Und Bildung ertrug offenbar keine Erotik. Dafür musste man sich an die etwas frivoleren farbigen Illustrierten halten. Auch war Fotografie noch lange schneller als die ersten zögerlichen Anfänge einer Fernsehtagesschau aus dem Mansardenstudio, das im Estrich eines Hotels am See eingerichtet worden war. Der Hunger nach Welt und etwas Freizügigkeit nach den Jahren der Abkapselung war enorm.

Rasende Reporter reichten Swissair-Piloten noch auf der Piste Couverts mit den neuesten Bildern aus aller Welt ins Cockpit einer DC3, damit sie am Montag aushingen. Die ausgehungerten Mütter und Kinder in Indien und Afrika, Kriegsbilder aus Korea oder Aufstände in Osteuropa liessen Solidaritätsaktionen folgen, wie man sie noch nicht erlebt hatte. Auch Malaria musste kein Schicksal sein. Nach DDT und Penizillin würde weiteres kommen. Der Zahnarzt hatte jedes Jahr einen neuen Stuhl. Es gab Einstein und Albert Schweitzer. Aber die Bilder aus Auschwitz, die Bulldozer mit den sich in die Grube drehenden willenlosen Armen der hautüberzogenen Skelette! Das war offenbar erst in der Stadt zu erfahren und hatte wohl auch nur hier seinen Anfang nehmen können. Doch die Täter mit Kopfhörern auf ihren Anklagebänken – obwohl sie manchmal lachten, vor den strammen GIs, die stets stehen mussten – sie würden bald nicht mehr lachen. Dafür würde in Zukunft die UNO sorgen – wir hatten sie besucht, in der sechsten Klasse, obwohl ausser einer Nachbildung der Weltkugel aus Blech und einem leeren Konferenzsaal nichts weiter zu erleben war.

Das wahre Leben, so verkündete *Fox tönende Wochenschau*, war naturgemäss nicht in Badersdorf und auch nicht in Genf zu finden, sondern etwas weiter dem Süden zu, in Cannes etwa, wo die Palmen wedelten, die Filmstars winkten und wo immer Frühling war. Und da musste ich so schnell wie möglich hin. Wenn weitere Schuljahre einen Sinn haben sollten, dann darum. Später nach Spanien, einfach in den Süden, dahin, wo Vater, von einer

Marokkoreise mit einem Dienstkollegen einmal abgesehen, wohl im Geiste, aber nie wieder in der Realität zurückkehrte. Zwischen Lyon und Orange würde die Tankstelle sein, wo man die ersten Zikaden hörte. Von da an würde alles der Gravitation folgen, egal wohin, egal wie lange, egal mit wem. Avignon, Montélimar, Carcassonne, Perpignan, Valencia, Malaga, Neapel, Palermo, Tanger – welche Namen! Es würde Gässchen geben, die nach Pisse rochen, nach Honigmelonen und Chlor, es würde Rollläden geben, die sich frühmorgens und am späteren Nachmittag mit einem Knall nach oben zogen, es würden nachts Gemüsekistchen brennen in Bordellgassen, es würde nach Hafen und Markthallen riechen. Das würde fürs erste genügen. Ich würde Flamenco lernen und die dunklen Frauen beeindrucken.

Schon vor tausend Jahren, so lernten wir gerade in der Schule, kaum dass deutsche Kaiser genauere Kunde von südlichen Gefilden hatten, waren sie mit Sack und Pack hinuntergezogen. Recht hatten sie! Sogar die Mücken zieht's ins Licht. Jenseits des Gotthards fängt es schon an, schlagartig. Schon im Tunnel, wo sich die Milchwirtschaft mit ihrem finsteren Stier zugunsten der Farben von Meer und Wein bei Kilometer 11 verabschiedet. Airolo ist nicht Göschenen und schon gar nicht Schattdorf. Ein bisschen Tunnel noch, und, zugegeben, dem nördlichen Teil nicht gerade unähnlich, aber nach einer leichten Linkskurve würde es sich offenbaren: ein tiefblaues, strahlendes Portal noch immer. Der Süden! Noch eine Stunde, und die Polizisten in Lugano würden uns in weissen Paradeuniformen um die farbig angestrahlten Springbrunnen weisen, nachts würden die Lämpchen der Barken vom See durch Palmengärten heranleuchten und der Blick auf den Monte Brè und den San Salvatore an Rio de Janeiro gemahnen. – Jene Etappe käme später. Und sollte es die Welt kosten, ich würde sie zunächst noch anschauen, wenn auch vorerst nur im Kino. Die Klischees genügten eine Weile.

Die beiden Stundenkinos fielen bald dem Fernsehen zum Opfer, das in die Blicknähe Badersdorfs umzog und später farbig wurde. Am Schluss hingen fast nur noch Penner und Fasnächtler in den Sitzen, die in der Wärme ungestört ihren Rausch ausschliefen.

Etliche Jahre später wollte man uns zutrauen, die einzige grosse Halle des Landes, die Bahnhofshalle in Zürich, unmöbliert auszuhalten, was aber offensichtlich zuviel verlangt war. Wo man das Kino und die Gepäckaufbewahrung abriss, musste bald jeden dritten Tag ein Event stattfinden. Hauptsache, nicht Raum und nicht Stille! Der Raum, in den vormals rauchende Lokomotiven aus St. Petersburg einfuhren, durfte nicht zu eigenen Träumen verführen. In den wenigen Tagen, an denen die Halle leerstand, hasteten die Leute über das Pflaster, als hätten sie gestohlen. – Schweizern ist Raum verdächtig.

Vater hätte sich jedoch wohlgefühlt unter dem leergeräumten hohen Gewölbe, aber er erlebte es nicht mehr. Er liebte Bahnhöfe und auch den Flugplatz – nicht zuletzt der Weite wegen, die Badersdorf definitiv nicht versprach. Hier vor dem Bahnhofskino sah ich ihn gehen, mit einer Zigarette abgespreizt zwischen den Fingern, die er wohl nicht einmal paffte, geschweige denn inhalierte. Zuhause rauchte niemand mehr, nachdem Grossvater gestorben war. Ich kam als Sechstklässler von der besseren Stadtschule – Vater flanierte zwischen den Reisenden, den Mantel über dem Arm: ein Fremder, als wolle er gerade in den Orientexpress steigen. Noch am Morgen hatte er beim Melken seine Stirn in Kuhbäuche gedrückt, als würde es von dort niemals mehr weitergehen.

Unsere Abmachung war: Wir sahen uns nicht, auch

wenn wir uns sahen. Was nicht selten geschah. Eltern trifft man ohnehin nicht auf der Strasse! Und Eltern reisen nicht – nicht, bevor die Kinder selbst flügge sind. Doch dann war es für Vater zu spät. Was die Super-8-Kamera einfing, die wir Mutter zur Silbernen Hochzeit auf die Griechenlandreise mitgaben, war nur ein ärgerliches zukkendes Zurückschauen aus zehn Meter Distanz auf einer Hafenmole. Er wollte nicht mehr gefilmt werden. Die Chorea Huntington hatte ihn eingeholt, wie drei seiner Geschwister, und sie wird unbarmherzig weitergeistern in unserer Familie – kein Wort darüber am Tisch, über eine der schrecklichsten Erbkrankheiten, die es gibt…

Um so früher schickte er deshalb mich auf Weltfahrten und wollte nicht aufhören, mir noch eine Banknote in die Tasche zu stecken, was ich jedes Mal vergeblich abzuwehren hatte. Und er fand seine helle Freude an all den Trampern, die alsbald anklopften, meine Adresse in der Hand, die ich grossflächig streute. Dieser und jener sei drei Wochen dagewesen, in deinem Zimmer, sagte er dann, wenn ich selber kurz nach Hause kam, um die Wäsche hinzuwerfen, er lasse grüssen. Diesen Teil des Erbes mochte ich gerne annehmen, mit seinem Preis sollte ich später meine schlimmste Mühe haben. Wir reisen mit Gepäck – mit mehr, als uns lieb ist; auch wenn man es kennt, ist es noch lange nicht ausgepackt.

Aber Super 8, das einzige Medium, das ich ausliess, wird Kapitel vorführen, die frühere Generationen nur vom Hörensagen kennen konnten. Auch wir Kinder wurden noch nicht gefilmt, es wäre zu teuer gekommen. Wir konnten froh sein, wenn es ein paar Schwarz-Weiss-Fotos gab, von jedem nachfolgenden Kind weniger. Super 8 war teuer und die Filmdauer beschränkt. Es war, als wollten alle diese Filme beweisen: Seht her, das ist Vater gewesen, seht her, das ist Mutter gewesen, und das war unsere Katze. Mit dem immer unvermittelten Ende der Spule, die auf den Apparat nachschlug, während es übergrell wurde in der Stube, waren sie alle schon gestorben, auch wenn man hinterher noch beim Kaffee sass. Vielleicht waren diese ungelenken Filmchen ohne anständiges Ende – Mutters Aufnahmen kamen zuweilen senkrecht von der Decke herab, weil sie die Kamera beim Filmen auf Hochformat gedreht hatte – vielleicht war Super 8 das ehrlichste Medium der bisherigen Mediengeschichte. Es konnte am wenigsten verbergen, was andere Spurbreiten und Medien aufheben wollen: die allgegenwärtige Vergänglichkeit, den Tod. Vielleicht hat dieser subtile traurige Ernst, der dem Heimkino nicht professionell hatte ausgetrieben werden können, verhindert, dass diese handliche Kamera breit in Gebrauch kam. Ich weiss es nicht.

Kürzlich liess ich die verbliebenen Spulen auf DVD brennen, um sie zu erhalten. Für einige war es schon zu spät. Man wird sie wohl anders betrachten, diese Aufrisse, und wahrscheinlich über die Pferde lachen, die von der Decke kommen. Richtig, Gespenster sind Produkte der Erinnerung. Wer sie nicht im Kopf hat, braucht sie nicht zu fürchten. So gesehen ist die Mediengeschichte ein Gespensterhaus, je länger man lebt. Ein Fernsehabend auf einem ernstzunehmenden Kanal beweist es: Die meisten, die da tanzen und lieben, sind schon lange verblichen, aber indem wir mitfühlen, leben sie. Das Kino ist mir jedenfalls der menschlichste Ort geblieben – egal, wer er ist, wie er wählt, was er glaubt auf dem Sitz neben mir. Er ist im gleichen Film, der gerade das Leben ist, er lacht und weint an derselben Stelle, selbst ein Polizist ist auf der Seite des Fliehenden, selbst ein Mörder bangt um das Opfer. Tun wir uns doch den Gefallen, auch im richtigen Leben, war Vaters unausgesprochene Devise. Er sei zu gut, er könne nicht nein sagen, hiess es jedoch in Badersdorf.

Er sagte ja, trotz seiner Krankheit, bis fast zum Schluss. Dafür liebte ich ihn, wie wenige danach. Aber mein Ja, merkte ich bald, konnte noch nicht in Badersdorf sein.

Nie verschwindet ein Medium völlig, wenn ein neues kommt, es zieht sich bloss in eine Nische zurück. Allerdings löste sich der Theaterverein Badersdorf-Dotlikon auf und, schlimmer noch, der Fip-Fop-Klub aus dem Dorfkino, bevor es selbst verschwand.

Der Fip-Fop-Klub war der erste Versuch, Kindern Produkte einzureden, die sie ihren Eltern abbetteln sollten. Bei Schokolade wäre das gar nicht nötig gewesen. Welche vier Schokoladen sind die besten der Welt? Nestlé, Peter, Cailler, Kohler! Voilà! Ist die Welt komplizierter? Nein! Wollt ihr den totalen Film? Ja! Aber erst singe ich euch das schöne Lied: Die Welt ist gross und rund, ich bin ein Vagabund. Denn der Kakao kommt aus Afrika und der Kaffee aus Amerika – was auch einmal umgekehrt war, aber egal –, und alle lachen und pflücken sie, die fröhlichen Neger. Der Wind bläht ihre bunten Tücher, und jetzt kommen... na wer? Dick und Doof.

Endlich! Da waren sie, die ersten Schauspieler, die ich auf einer Leinwand sah. Zuerst kamen aber Zahlen auf dem Kopf von oben herab, wie später Mutters Rosse, kaum zu erkennen vor lauter Lichtstreifen, dann wurden die Kratzer allmählich weniger, und es folgten wohl englische Buchstaben und ein Löwe, der brüllte. Aus einem Haus, wie es sie bei uns nirgends gab, traten Ollie und Stan – das heisst, Stan fiel gleich die Treppe herunter, und Ollie verdrehte die Augen in den weissen kalifornischen Filmhimmel. Wir brüllten schon vor Lachen, denn alle brüllten. Später fiel das ganze schöne Holzhaus mit der Veranda zusammen, weil Stan niessen musste oder das Gas im Backofen anliess, weil es an der Türe läutete und ein Mann ein Paket mit einer grossen Schlaufe drumherum abgab. Oder war dort eine Bombe dringewesen? Jedenfalls fiel alles zusammen, wenn Ollie nicht aufpasste. Im echten Leben der beiden war es umgekehrt gewesen. Aber das wollte ich noch nicht wissen, sondern zu Tode erschrocken sein, als Dick, oder war es Doof?, mitsamt den Kleidern in die Badewanne fiel und aus dem Schaum als Schimpanse wieder auftauchte, weil einer der beiden ein chemisches Mittelchen hineingeschüttet hatte.

Dieser Gag muss anscheinend nicht sauber aufgelöst worden sein, jedenfalls nicht für Kinder, ich ging allein und betroffen nach Hause, in tiefer Trauer um Ollie oder Stan, am Turnleibchen das erste Abzeichen meines Lebens, das später Sammlerwert bekommen sollte: das legendäre Fip-Fop-Abzeichen, ohne das ein Zutritt zu weiteren Initiationen kindlichen Landlebens landesweit nicht denkbar gewesen wäre. Dabei war doch alles nur ein verkratztes Spiel mit Licht und Schatten gewesen.

Das Kino Rex in Badersdorf war noch ein Lichtspieltheater. Und ich kenne einige Zeitgenossen meines Alters, die noch immer das Fip-Fop-Abzeichen in der Schublade aufbewahren – und restlos alle, die ich darauf anspreche, erinnern sich noch an ihr erstes Bild, das sich bewegte. Vorher hatte sich nur Lebendes von selbst bewegt. Man hatte im Kino gleichsam einem Schöpfungsmysterium zugesehen, man durfte dabei sein wie bei einer Geburt – welche Ehre: Ich bin gemeint. Man gehört zum Fip-Fop-Klub oder nicht!

Es muss wohl auch mit dieser missglückten Evolution im Schaum der Badewanne zusammenhängen, dass ich noch heute augenblicklich todtraurig werde, wenn ich Slapstick-Filme sehe. Am liebsten mag ich Buster Keaton, der von Anfang an traurig ist. Wie er da auf der Antriebsstange der Lokomotive sitzend auf und ab aus dem Bild gefahren wird... Jedenfalls hatte ich es nicht mit den allzu derben Witzkanonen, die bald Schlag auf Schlag über den Fernsehschirm geisterten. Als der gute Kennedy erschossen wurde, hatten sie vierzehn Tage zu schweigen, während die Tragödien weiterliefen. Also kommt ernst vor lustig. So stellte sich mir auch Badersdorf dar: Nichts war lustig, ohne dass man es selbst macht – überhaupt nichts, wenn man es nicht machte.

Wer will denn Filmschauspieler sehen, die reden, behaupteten die ersten Produzenten der dreissiger Jahre. Da hatten sie recht: Die ersten Studiobeiträge des Fernsehens waren denn auch eher gefilmte Hörspiele. Uns war es jedoch egal, man kannte nichts anderes. Wir verschlangen alles, was zwischen sieben und elf Uhr aus dem bemalten Stubenkasten flimmerte, der eilends verschlossen wurde, wenn Besuch kam. Die Antenne wurde unter Dach auf den Estrich gelegt. Es war eine Nummer für sich und bestimmt witziger als die ersten Fernsehkomödien, wenn wir sie jedes Mal, für jeden Sender extra, vom Estrichfenster herunterrufend zu justieren versuchten. So war eben Fernsehen, es musste erst erwachsen werden.

Fernsehen ist auch ein Nachzügler der Fotografie, und die Fotografie ist auf dem Jahrmarkt geboren. Manche Prägungen verliert man bekanntlich nie. So hatte dieses Medium noch lange etwas Anrüchiges. Aber gerade das war es, was uns Pubertierende mit dem Gong des Sendebeginns um 19 Uhr in den flimmernden Bauernkasten sog. Ins Bett musste man uns losreissen, feilschend um jede Minute. Fotografie ist ein schillerndes Medium, nah am Beschiss. Der Fotograf ist nur der erste, der an seine zufällig erhaschte Aufnahme zu glauben beginnt. Viele Weltbilder sind zerknittert wieder aus dem Papierkorb gefischt worden, nachdem sie zunächst verworfen worden waren, das ist belegt. Egal – ohne etwas Schein und Glamour war es nicht mehr denkbar in Badersdorf. Gerade das war es, was wir brauchten. Wir hatten einen neuen Glauben gefunden, um nicht zu sagen, eine Sucht. Bald thronte die Fernsehantenne sichtbar auf dem Dach – und über den Dächern des Dorfes entstand ein Wald von Antennen. Die Droge wurde allmählich gesellschaftsfähig, auch der Pfarrer hatte einen.

Fernsehen ist Jahrmarkt, und auf dem Jahrmarkt sind die Sitten locker. Die Hoffnung, ab und zu einen nackten Busen zu sehen, wurde nicht enttäuscht. Wir Buben warteten auf nichts anderes. Wer sollte uns verbieten, die gescheiten Beiträge aus dem fernen Afrika zu sehen? Etwa die Frauen aus Kamerum, wie sie halbnackt die Blasebälge kneten, damit ihre Männer Glas blasen können. Und wer konnte uns am späteren Samstagabend kontrollieren, wenn die Eltern mit der Isabella in der Stadt waren und uns das Knarren des Garagentors genügend Zeit liess, um den Kasten zu schliessen und in die Kammern zu verschwinden? Die erste Nackte – war es Hildegard Knef? – und erst noch zehn Meter im Hintergrund, war ein europaweiter Skandal. Leider hatten wir sie verpasst. Aber es gab zum Glück die herausgerissene Seite aus dem Nudistenheft, für das wir am neuen Kiosk am Bahnhof zu dritt ein halbes Vermögen bezahlt hatten, weil der Oberstüfler, der schon wie achtzehn aussah und das Heft für uns kaufte, seine Provision haben wollte. Die Seite wurde viermal gefaltet im Gebälk des Geräteschuppens versteckt und nur bei besonderen Gelegenheiten gegen Eintritt aus dem Schrein geholt. Vorher hatten wir uns damit begnügen müssen, am Bahnhofskiosk an das Glas des Schaukastens zu hämmern, damit eine der Papierbanderolen vom Heft herunterrutschte und wenigstens die Brüste freigab, bevor sie leider unten aufstand.

Es war die Zeit, als man im neuen Schwimmbad eigens Tage für katholische Kinder und weiterhin Tage für Buben und solche für Mädchen einführte, was sich allerdings nicht lange halten liess. Erotik und gar Sex war noch etwas Unerhörtes, und konkrete Vorstellungen waren von heftigstem Herzklopfen begleitet. Was das zerfledderte Doktorbuch im Kastenfuss des Elternschlafzimmers hergab, konnte ja nicht das Gemeinte sein. Die ausklappbaren Darstellungen des männlichen und weiblichen Körpers waren so erotisch wie die Schlachtanleitungen für Metzgerlehrlinge. Im Gegenteil, diese rosaroten Hoden im Querschnitt, diese wuchernden gelben Eierstöcke und erst recht die Darstellungen der braunen und violetten Geschlechtskrankheiten, der nassen Ausschläge, der Essigwickel und Scheidenspülungen konnten einen glauben machen, Sex sei eine Krankheit, und Schwangerschaft erst recht.

Wenn aber Sex eine Krankheit war, dann wollten sie sie alle so schnell wie möglich bekommen, das war doch offensichtlich. Weder Syphilis und Gonorrhö, weder Sodom noch Gomorra konnten Badersdorfer davon abhalten, sich aufeinanderzuwerfen. Wo würden denn sonst die vielen Kinder herkommen, je katholischer, desto mehr? Sieben- und sogar zehnköpfige Familien waren, wenn auch nicht mehr üblich, so doch nichts Aussergewöhnliches. Eines, wenn nicht zwei der katholischen Kinder kamen in der Regel ins Kloster, als müssten sie dort fürsprechen für etwas Schreckliches. Magda, mein frühestes Gschpänli vom Nachbarhaus, kam, kaum hatten wir uns gefunden und hinter den Brombeeren erste Unterschiede entdeckt, später noch einmal auf Weihnachten nach Hause und wurde fortan nie mehr gesehen.

Wir konnten uns unsere Lehrer und auch unsere Eltern absolut nicht vorstellen, wie sie es taten. Es weckte geradezu Abscheu in unserer Pausenecke. Es konnte vermutlich nur bei völliger Dunkelheit geschehen, und so war es wohl auch. Vor Brigitte Bardot gab es nur die Josephine Baker im Bananenkostüm, aber das war wie Kulturfilm, der Minirock noch Jahre entfernt. Die Strapse und Häckel-Korsagen im einzigen vergitterten Schaufenster des Vergnügungsviertels der Stadt waren papageienbunt, somit eher zoologisch und auf Altherrengeschmack aus; die Damenunterwäsche in Kaufhäusern war fleischfarben und flächendeckend, als gäbe es nur Mütter.

Brigitte Bardot war die erste Frau, das muss man ihr lassen! Sie stellten wir uns vor, als wir anfingen, Doktor Sommers Aufklärungskolumnen zu lesen im *Bravo*, das nun neben der *Interavia* in Bruders Zimmer lag. Gina Lollobrigida und Sophia Loren waren ein und dieselbe und gehörten noch den Vätern. Brigitte hingegen war die ältere Schwester des Freundes – auf Besuch an der halboffenen Tür ihres Mädchenzimmers vorbeizugehen, war etwas Unerhörtes. Wie konnte der Freund nur so gehässig sein gegen seine Schwester, »dieser Gans«, wir er sagte. Wie konnte er neben ihrem Zimmer ruhig an seinen Detektoren basteln und das gleiche Badezimmer benützen wie sie, ohne wenigstens nett zu sein zu diesem fremden Wesen, diesem Reh, das schon Fläschchen vor den Spiegel reihte, wie Betsy aus »Vater ist der Beste!«. Unsere landwirtschaftlichen Lehrtöchter im Monatspraktikum hatten auf eigenartige Weise nicht hübsch zu sein. Dahinter musste die Mutter stecken! Im übrigen herrschte bei Rechenmachers die reinste Männlichkeit, dass sie einem leid tun konnte, unsere Mutter. Vor allem, als auch noch die letzte Tante heiratete und wegzog. Bei uns gab es keine halboffenen Mädchenzimmer.

Dafür das Fernsehen.

Ohne Sex, ja Porno wäre die rasante Entwicklung der meisten Medienprodukte nicht denkbar gewesen. Produzenten und Regisseure, die durchs Guckloch dachten, hatten jedenfalls die Nase vorn. Die Fernsehkanäle, die immer noch weiter gingen, hatten die Quoten auf sicher. Fernsehen war Sex, oder Sex war für uns Knaben und Burschen vorläufig Fernsehen. Auch in den Bücherecken der Warenhäuser war nicht zu übersehen, dass die Bände über Aktfotografie die am meisten abgegriffenen waren. In der Fotoecke war stets am meisten los. Überall standen anscheinend kunstbeflissene Männer und Schüler herum, die gelassen in den Fotobänden zu blättern schienen. Wir getrauten uns nur, wenn niemand zu sehen war. Kam jemand heran, legten wir das Buch gelangweilt zur Seite und griffen nach den Landschaften.

Künstler sollte man werden, die hatten es sich offenbar nie nehmen lassen! Das wurde beispielsweise im Kunsthaus offensichtlich, wo wir als Schüler abzeichnen sollten. Aber jene Frauen zählten irgendwie nicht, auch nicht die nackten Afrikanerinnen. Die Nudistinnen wollten auch nicht überzeugen. Unsere Einnahmen für die vor Gesundheit strotzende Frau auf dem Sprungturm liessen bald nach. Zudem verliefen die Faltungen dem goldenen Schnitt entsprechend genau über Brüste und Scham, so dass nach dem vielen Auf- und Zuklappen das Wichtigste nur noch zu erraten war.

Aber in jenem Alter will man alles sehen, nicht halb verhüllt. Man hätte unsere Mädchen nackt abzeichnen sollen, die Christine Egger zum Beispiel, die in der Bank vor mir sass und unter der Achselhöhle der Sommerbluse etwas Einblick gab. Dafür wäre ich mit der Staffelei, oder besser ohne, bis ans Ende der Welt gelaufen.

Es war auch das Alter, in dem man ins Warenhaus ging, um Rolltreppe zu fahren. Auch Erwachsene schämten sich ihrer Neugier nicht. Rolltreppenfahren war eine Passion, das Warenhaus Kult. Etwas zu kaufen kam uns jedenfalls nicht in den Sinn, dazu hätten wir auch nicht die Mittel gehabt. Dekorateur zu werden in diesem Schaukasten, war lange Zeit ein begehrtes Berufsziel. Schaufensterdekorateur oder Pilot – das war eine ernstzunehmende Alternative; die neue Dekoration im Warenhaus war jeweils ein Stadtgespräch. Es gab erst zwei Warenhäuser.

Zur Unterstützung unserer aufschäumenden Triebe war das National-Radio beispielsweise das Ungeeignetste, was man sich denken kann. Radio Beromünster hatte nun wirklich nichts mit Sex zu tun. Es war im Krieg unter Militärkontrolle geraten und hatte sich noch lange nicht davon erholt, als wir aus Zigarrenkistchen die ersten Detektoren bastelten. Trotz unglaublich einfacher Mittel, die kaum etwas kosteten, kam tatsächlich Musik aus der Schachtel. Es brauchte wunderbarerweise nicht einmal eine teure Batterie. Man musste nur etwas mit der Nadel auf einem Kristall herumstochern, um Stimmen und Musik einzufangen, die an- und abschwollen wie Ebbe und Flut. Wie kommt Musik aus einem Kristall? Wie ist das möglich: In Tokio spricht einer in eine Schachtel, und in meiner Schachtel kommt's heraus, ohne Draht und als ob nichts wäre? Sind Wunder keine mehr, nur weil man sich an sie gewöhnt hat? Die Erwachsenen schienen sich an alles gewöhnt zu haben, und kam etwas Neues, dann war es im Handumdrehen wieder zu wenig. Was sie jedoch als Wunder bezeichneten, war höchst zweifelhaft, wie etwa diese biblischen Geschichten; man musste uns ihre Wunder geradezu einbläuen.

Es hatte wohl seinen Grund, warum sie an das Unrealistische glauben und über das Mögliche nicht staunen mochten, nicht länger jedenfalls als drei Tage. Staunen ist für die Kinder. Wer zu den Erwachsenen zählen wollte, tat als erstes so, als staune er nicht mehr. Nach der Konfirmation staunt man nicht mehr, von heute auf morgen. Über nichts Menschliches mehr. »Kenne ich«, musste im

Blick liegen, die ekelerregende Zigarette am baumelnden Arm knapp über dem Asphalt. Lieber tot, als dass ich das nicht kenne! Verrate, dass wir es auch nicht kennen, und wir müssen dich ausschliessen. Schwöre, dass du dichthältst, oder du landest im See! Du hast die Wahl: weiterzustaunen oder dazugehören. Die nächste Folge am Donnerstag um die gleiche Zeit. Nicht selten hatte ich am Morgen noch die Kopfhörer auf, als ich aufwachte. Und hätte diese Stimme verlangt, meine Sachen zu pakken und zum Treffpunkt zu kommen, ich hätte es getan, wo immer das war, egal, was die vorhatten.

War *Fox tönende Wochenschau* das Fenster zur Welt, so war das Radio vergleichsweise das erste Guckloch. Lautsprecherradios gab es längst, als ich an Detektoren bastelte. Sie hatten ein blaugrünes Auge, das zuckte, wenn der Äther sich räusperte und der Lautsprecher pfiff. Auf der Skala die Sender der Welt abzufahren, war eine Phantasiereise, die über Sex hinausging oder auf eigenartige Weise doch das gleiche war. Ferne war zumindest nicht bieder, die Welt hatte andere Sorgen. In welchem U-Boot mochte dieser Funker wohl sitzen, der über den Kurzwellensender Schwarzenburg hereinkam? Wahrscheinlich war ein Schweizer an Bord. Unglaublich, wo überall Schweizer waren, wenn man die Glückwünsche hörte für den Hanspi auf Segeltörn vor Neuseeland und Edith auf einer Farm in Kanada. Ich würde bald dazugehören und zum Treffpunkt kommen und dann, weiss Gott, wo, da draussen die Nacht verbringen, denn die Sender kamen erst mit der Dunkelheit herein wie die Mücken.

Radio war mittags nach dem Pfeifton für die Nachrichten und den Wetterbericht, wobei es totenstill zu sein hatte um den Preis des schweren Silberlöffels, den uns Grossvater bei Missachtung über den Schädel zog, und dann nach Feierabend, wo man dazu stricken durfte

– allenfalls noch am Sonntagvormittag die Arien. Wollte man sie nicht selber einstellen, so brauchte man nur das Fenster zu öffnen, sie dröhnten unisono im ganzen Dorf. Daneben gab es noch keine andere Musik ausser den schrecklichen Blockflöten am Vorabend aus den Schülerzimmern. Radio hatte noch etwas Konspiratives, es war noch an Verlautbarungen gewöhnt. Es mochte auch an den Hoffnungen liegen, die es wecken konnte, und dem Bewusstsein der Grenzen, die die Wellen mühelos passierten. Für welchen Agenten galt die atemlose monotone Stimme Radio Moskaus? Ganz anders dagegen die dauervergnügten Amerikaner vom Sender Freies Europa, für die die Welt flächendeckend in Ordnung zu sein hatte. Von dort würde das Neue kommen, das war klar, und von Chris Howland von Radio Luxemburg, der sprach, wie andere atmeten: Locker, war die Devise, da ging es ab, vom anderen hatten wir genug.

Für uns Kinder war der Schulfunk bestimmt, vor dem hölzernen Ungetüm mit dem beigebraunen Tuch unter dem Laubsägeornament, das leicht vibrierte bei den korrekten Stimmen der Moderatoren, die auch Lehrer zu sein schienen. Denn es war die Epoche der Lehrer. Die Schriftsteller waren Lehrer, die Kabarettisten und Filmemacher waren Lehrer, Liedermacher waren Lehrer, die neuen Strassenzirkusse der Stadt wurden von Lehrern betrieben, die im Clownkurs in Paris oder im Tessin gerade Jonglieren gelernt hatten und meinten, es genüge der richtige Kommentar, wenn ein Ball zu Boden fiel. Lehrer machten es gründlich und hingen jedem Metier, das sie sich selbstverständlich auch noch zutrauten, ein »-macher« an. »Macher« hatte etwas Brechtsches und zugleich nüchtern Schweizerisches, vielmehr Protestantisches. Man wollte das Handwerk betonen, das Land hatte nichts anderes. Auch die Kriege, die die Grossen führten, konnten sich von jeher auf schweizerische Macher verlassen. Aber Lehrer zu bleiben, reichte nicht aus. Auch ich wurde Lehrer.

Die ersten Radiostationen der Schweiz entstanden auf Flugplätzen und Bahnhöfen und erreichten lange Zeit kein ernstzunehmendes Publikum. Familien mit Kopfhörern, wie die ersten Werbeplakate zeigten, das konnte wohl nicht ernst gemeint sein. Radio war dem Telefon näher als jedem anderen Medium. Radiomacher waren Pfadfinder wie die ersten Flugpioniere, die nicht rechneten. Dann wurde das Radio zum »Volksempfänger«, hüben wie drüben. Eine Kommentarsendung über Kurzwelle, anfänglich bloss an »die Landsleute in der Ferne« gerichtet, kam während der Kriegsjahre zu internationalem Ruhm. Die Stimme jenes mutigen Historikers war die einzige Radiostimme in deutsch, mitten in Europa, die ein ausgewogenes Bild der Kriegslage vermittelte. Sie wurde zum Hoffnungsträger für Hunderttausende jenseits der Grenzen, sogar in Konzentrationslagern. Man hörte sie in Deutschland bei Androhung der Todesstrafe unter Wolldecken.

Wenn Radio durch den Krieg identitätsstiftend wurde, so waren es auf anderer Ebene auch die Hörspiele, insbesondere die Gotthelf-Vertonungen und die biederen Krimis mit dem Polizisten Wäckerli, der Leichen zu begutachten hatte, die in denselben Wohnstuben lagen, in denen wir häkelnd sassen. Auch Buben häkelten an Pilzen und Fadenspulen, in die vier kleine Stifte eingelassen waren. Mit Mutters Wollresten und einer Stricknadel konnten Wollwürste auf einfachste Weise in beliebiger Länge hergestellt werden, die man um jeden Gegenstand wickeln und zusammennähen konnte. Ein Hörspiel ergab eine Wurst von ungefähr zwanzig Zentimeter. Mit der Zeit war kein Kleiderbügel und keine Guetzlibüchse mehr unumstickt. Es gab Haushalte, die förmlich zugestrickt waren. In einer Illustrierten war ein Opel Rekord abgebildet, den eine stolze Familie aus Wiesendangen vollständig eingestrickt hatte. Ob der Revolver des Mörders, eines Taxifahrers zweifelhaften Charakters, auch umstrickt war, weiss ich nicht. Es hätte Fingerabdrücke vermieden. Aber die waren erwünscht auf der Kaninchenpistole im Küchenbuffet, dessen Schubladen mit jenen der meisten Hörer selbstverständlich übereinstimmten.

Wäckerli war unser guter Onkel, der mehr beistand, als dass er aufklärte, und mit seinem wackeren Wesen mehr und mehr zum eigenen Fall wurde. Die beiden Witzbolde, die auch sein müssen, der Vögeli und der Feusi, die mit Hüftgürteln hausierten und Serviertöchter ums Ersparte brachten – den beiden war der Mord wohl nicht zuzutrauen, sie hätten sich selber in den Fuss geschossen. Abzüglich Wäckerlis tüchtiger Gattin – nie ohne Kopftuch oder Schürze – und der adretten Tochter im Deux-pièces, die der Mörder nicht ernsthaft umgarnen konnte und die sogar einmal eine Zigarette rauchte, blieben also noch Wäckerlis Sohn, der das Studium abbrach, für das sich der Vater abrackerte, und eben der Mörder, den man gleich von Anfang an hätte anschreiben können.

Aber es waren nicht die Fälle – da hätte man bei den Schriftstellern, die keine Lehrer waren, Besseres lesen können –, es waren die Geräusche, der Hausstand, die Stammtische, die nun plötzlich zum Inventar von Geschichten wurden, die eine ganze Nation, zumindest den deutschsprachigen Teil, ein reiches Feld der Phantasie wiederfinden liessen. Wir erkannten uns wieder, einmal mehr, wir waren gemeint, auch unser Leben war Geschichten wert, und das war gut so.

Man konnte mit dem ganzen Land vor dem Kasten sitzen und den Mörder erraten, lange bevor man anfing, erst die Haustüre abzuschliessen, bevor man vor dem nächsten Kasten, dem Fernseher, lustvoll genoss, was man sich selbst am letzten wünschte.

Die Hörspiele auf der Grundlage der erstaunlichen Romane des Pfarrers mit dem Pseudonym Jeremias Gotthelf aus dem Emmental zogen restlos jeden Radiohörer in ihren Bann. Die Romane handelten im vorigen Jahrhundert, oder noch früher, in einer Sprache und Gegend, die für die meisten absolut exotisch waren, wenn auch Bauersleuten etwas geläufiger als den Städtern. Diese wilden, mit moralischen Brocken verstellten Romane waren Weltliteratur, einem hochgeladenen, in den Rahmen eines Pfarrberufs gepferchten Triebwesen zu verdanken. Diese Romane wurden mit mehr oder weniger Geschick verfilmt oder vertont, das schien nichts auszumachen. Jedenfalls klebten wir alle am grün flackernden Grundig, und wenn wir ins Bett mussten, an Holzstöpseln, die man an die Wand drückte, um die Geschichte aus dem Nebenzimmer weiterverfolgen zu können.

Dieser Gotthelf, protestantischer Pfarrer und Lehrer, beherrschte die ganze Klaviatur des Erzählens. Derjenige von uns, der es geschafft hatte, die ganze Sendung anzuhören, hatte anderntags in der Schule die Meute auf seiner Seite. Meistens war es der Erwin aus dem Armenhaus, wenn das Kleingeld für den Stromautomaten ausgereicht hatte. Der Fortgang der Geschichte war allerdings bald erzählt, und soviel durfte man reden beim Schneiden und Leimen im Keller des Schulhauses. Aber das war es nicht, es war das Drum und Dran, es war die Melodie des Sprechens, das getragene, nicht eine Spur Humor vertragende langsame gedehnte bauernschlaue Singen aus einer Kehle, die offenbar auch nichts anderes als hämisches Lachen hervorbringen konnte. Die Einführung allein dauerte Minuten, man hätte meinen können, es würde eine

Schlachtordnung angesagt. In keinem anderen Dialekt konnten Bodenständigkeit und Missgunst überzeugender ausgedrückt werden. Es waren gesungene Flüche, die sie einander über den Miststock zuwarfen, diese verstockten Joggelis und Uelis mit ihren wackeren Mägden, die zu Holzscheitern griffen, um Unsittliches abzuwehren, das in jeder Hirnwindung dieses Pfarrers lauerte, und die gleichzeitig nicht zu haben waren, bevor sie nicht trächtig waren, die Meitschis, von einem der Fensterler ennet dem Berg. Was sich da stauen konnte und musste unter diesen mächtigen Dächern, die bis zum Boden reichten, diesen durch keine ängstlichen Erbkompromisse zerstückelten Riesenhöfen, hatte eine unschweizerische zeitlose Mächtigkeit, uns Badersdorfern so fremd wie den Berlinern, die Gotthelfs Talent als erste erkannten.

Das Emmental, mit der Isabella keine Stunde entfernt, war ein Panoptikum, das voller Überraschungen steckte, ohne besonders damit zu prahlen. Uns erschienen diese Berner-, Glarner-, Appenzeller-, Innerschweizer- und Walliserflecken so, wie Franzosen das Ausland vorkommen musste. Nirgendwo in Europa gab es auf so engem Raum ein Mosaik von solcher Vielfalt. Und Badersdorf wurde mit jedem Tag mehr zum Kilometer Null, von wo aus vermessen wird, selber unvermessen. Das Radio war nach der Blütezeit der Nationalfeste mit ihren überbordenden Strassen-Umzügen das erste Massenmedium, das uns Schweizern Schweizer vorführte, wie sie sich selbst sehen wollten, oder wie man es ihnen eingeredet hatte. Das Wunschkonzert grüsste in jeder Ecke Wohlgesonnene. Hier musste doch zu leben sein! Und das stimmte auch. Trotz allem! Auch in Badersdorf, in Sichtweite der neuen Radio- und Fernsehstudios.

Neu war nicht das Medium, sondern der Geist, der plötzlich über einzelne Sender hereinkam. Es waren die

Vorboten jenes neuen Zeitgeistes, der bald alles in zwei Lager spalten sollte. Diese Vorboten hatten ihre genaue Phonetik: Radio Luxemburg, Europe Nümmero Un, London Dobellyuwan und dann ausgerechnet Radio Nordsee, der erste Schweizer Piratensender, der Vorgänger unserer eigenen illegalen Studentenstation zehn Jahre später, als die Karten noch einmal neu gemischt wurden. Der rostige Minensucher vor Holland hiess zwar Galaxy, ging jedoch gleich wieder ein. Aber das Ei war gelegt, einmal mehr im bösen Ausland und erst noch auf dem Meer. Radio kam mächtig auf, als die Transistorempfänger erschwinglich wurden. Die Hitparade waren die zehn Gebote der Zeit, der Bruch mit der Biederkeit des Landessenders war abzusehen. Wer die Jugendstimmen nicht verlieren wollte, musste den Äther freigeben; das Monopol der Lehrer fiel, die Privatsender schossen wie Pilze aus dem Moos.

Das Kind war flügge geworden, die Erziehung abgeschlossen. Auch die Eltern am Mischpult des Landessenders konnten sich etwas befreien und die Reisen unternehmen, die sie einmal vorgehabt hatten. Jetzt kamen Bestseller auf den Plattenteller, wie es hiess. Radio war jetzt allüberall, vierundzwanzig Stunden, jeder Mansardenbrand wurde achtundvierzig Mal gemeldet.

Und alles hatte im Fip-Fop-Klub angefangen, im Kino Rex an der Alpenstrasse. Mit einem Menschen, der sich in einen Affen verwandelte. Wie leicht zu beweisen sein dürfte.

Derweil liegt Badersdorf in seiner Nebelsenke, nach wie vor, Medien hin oder her. Aber was die Enge betrifft, so ist sie einer Weite gewichen, die nicht minder bedrängt. Eine Grenze zur Stadt hin ist im Lichtermeer nicht mehr auszumachen. Bei Föhn glimmt das ganze Tal phosphoreszierend und verheissungsvoll wie ein Schwamm im Sumpf oder damals in unserem feuchten hinteren Keller.

Badersdorf ist selber zur Stadt geworden. Und mit einem Ausländeranteil von fünfzig Prozent der Anfang jenes Weltdorfes, das der Milliardär mit den Turnschuhen in seinem Bürokomplex an der Schwarzackerstrasse entwarf.

Lass rauschen, hätte Vater gesagt. Ich sah ihn noch eingeschlafen im Stuhl, die Fernbedienung in der Hand. Vor Dieter Thomas Heck, der noch heute schneller spricht als der Schall.

*

Rock and Roll

Angefangen hatte es mit einer Wandergitarre zehn Jahre zuvor. Die Blechgitarre zu meinem siebten Geburtstag war ja nicht wirklich zu gebrauchen gewesen, und die Blockflöten wollte ausser an Weihnachten niemand hören. Wir Buben sollten ein richtiges Instrument erlernen. Da man aber in Bauernfamilien wenig mit klassischer Orchestermusik anfangen konnte, ausgenommen die Tenöre des Landessenders am Sonntagmorgen, und daher Oboe wohl nicht das Richtige war, bot sich die Gitarre zum Liederbegleiten an. Handorgel oder ein Blechinstrument in der Knabenmusik wären auch in Frage gekommen.

Der Hierarchie folgend, wurde zuerst der älteste Bruder in die Gitarrenstunde geschickt und im Abstand von einem Jahr – sie lagen altersmässig auch nur ein Jahr auseinander – der zweitälteste. Sie teilten sich zum Üben das gleiche Instrument. Ich, vier Jahre jünger als der Zweitälteste, wurde schon wenig später nachgeschickt, als ob es diese einzige Gitarre nicht mehr lange tun würde, was auch tatsächlich so war. Eines Tages geriet der Hals des Instruments, als es an der Lenkstange meines Tour-de-Suisse-Velos baumelte, ins Vorderrad und war nicht mehr zu gebrauchen. Die ungeliebten Gitarrenstunden bei Fräulein Kern am Kirchenrain nahmen dadurch ein jähes Ende. Ich hatte gerade noch drei Monate Unterricht abbekommen, insgesamt sechs Griffe und zwei Takte gelernt, aber das sollte reichen. Elvis konnte auch nicht mehr, und meine Brüder spielten bereits Schlager, sie würden mir das eine oder andere wohl zeigen können.

Ich konnte notgedrungen mit der zweiten Gitarre, die bald ins Haus kam, erfahren, dass Hören genügte, um Lieder zu lernen. Am besten fing man ein Lied mit dem

C-Griff an, der für die meisten Stimmen weder zu hoch noch zu tief liegt und darum der gebräuchlichste ist – beim Akkordeon ist die C-Taste mit einem Ringlein versehen, damit man sie auch betrunken noch findet –, und die zum C passenden beiden Akkorde liegen gleich nebenan. Also vom C ausgehend, musste man nur einfach so lange geradeaus spielen, bis die Katze vom Stuhl sprang, weil selbst sie hörte, dass es so nicht weitergehen konnte. An diesem Punkt gab es zwei Möglichkeiten: den G-Griff oder das F. Legte sich die Katze wieder hin, hatte ich zufällig den richtigen erwischt, ansonsten war es der andere. Greuni, unsere Hauptkatze, die in die Stube durfte, verliess diese fluchtartig, wenn ich später nach dem verstimmten Akkordeon aus der Brockenstube nur schon zu greifen gedachte. Mit den Refrains war es noch einfacher, weshalb Schlager praktisch nur aus Refrains bestanden, man konnte sie gleich am Tisch beim Schunkeln lernen. Blues war nichts anderes, ein endloser Refrain. Und wie es in C-Dur funktionierte, so lief es auch in A, mit den Nebengriffen E und D, oder in E mit den Nebengriffen A und H. Viel mehr ist nicht vonnöten beim Liederbegleiten. Warum hatte Frau Kern das nicht gleich gesagt?

Aber mit Musik ist nicht zu spassen, lehrte mich der Doppelsalto vom Rad, auch wenn die meisten Menschen Musik lediglich mit Spass verbinden. Wir Buben wollten vorerst aber nur klampfen, und zwar zum Spass. Und wer Glück hatte und mit wenig Verbildung und Kommerz davonkam, hatte ein Lebenselixier entdeckt, das allein schon der Gesundheit wegen verschrieben werden sollte. Musik ist Nahrung, so simpel wie Sonnenstrahlen. Singen heilt uns vom Hadern mit der Welt. Selbst das Klagelied ist eine Ode an den Schöpfer, oder es ist kein Lied. Es erschloss sich mir eine Energiequelle, die sich ganz einfach quantifizieren liess: Musik brachte mir Zuneigung und

Extrabatzen. Dabei brauchte es nur eine zerkratzte Wandergitarre – ein Stück Holz mit sechs Därmen –, und man musste lediglich denen auf die Finger und auf den Mund schauen, die besser spielen konnten als man selbst.

Als sich mein ältester Bruder eine Jazzgitarre zulegte und der mittlere auf Banjo wechselte, blieb die Wandergitarre in meinem Zimmer liegen. Aber bald kam sie in die Schule mit, wo wir vor Unterrichtsbeginn, weil der Lehrer chronisch verspätet kam, »An den Ufern des Mexico Rivers« spielten. Bald kam die ganze Klasse extra früher, um uns zuzuhören. Unser Trio bestand neben mir aus einem Mundharmonikaspieler und einem Trommler aus der Knabenmusik, der mit zwei Linealen den Stuhl des Lehrers traktierte. Musiker sind gefragt, lautete meine nächste wichtige Lebenserfahrung. Das Erlernen von Texten zahlte sich hundertmal aus. Es folgten »Oh Mary-Lou« und »Junge, komm bald wieder«.

Die Wanderklampfe war ein Instrument, welches mir Quellen mit einer Leichtigkeit erschloss, dass ich mich wunderte, warum andere nicht auch darauf kamen. Auch wenn wir anfänglich wenig anfangen konnten mit dem weiblichen Fan-Klub der dritten Klasse, der sich sogleich um uns bildete, so war es doch überaus angenehm, umringt zu werden, wenn wir wieder einen neuen Song im Repertoire hatten und seine Wirkung testeten. Später würde unser Repertoire raffiniert genug sein, um uns in die Betten zu singen, wie es ein Tramp-Kompagnon jeweils formulierte, wenn es Abend wurde in einer fremden Stadt und uns die Jugendherberge zu züchtig war.

Nach der Klassenband kam die Festband. Mittlerweile ein Bursche geworden, lockten die Dorf- und Turnfeste mit ihren nach zerquetschtem Gras und Bier riechenden Festhütten. Jeder Badersdorfer Verein hatte sein eigenes Fest, von Ende Juni bis September wollte es keine Ruhe mehr geben. Die Garderoben waren im Freien hinter der Bühne – wenn es regnete, hielt man einen Schirm über sein Instrument und wartete auf den Wink aus dem Schlitz der Zeltwand. Bei grösseren Anlässen war ein kleines Zelt angehängt, in dem die Zauberer und Clowns ihre Tricks präparierten, Ehrendamen die Tanzbändel sortierten und Tombola-Tische mit den immer gleichen Ladenhütern bestückt wurden, welche vier Turner auf einen Tusch hin vor die Bühne trugen: fürchterliche Vasen und Nachttischlampen, billigste Küchenutensilien und überfällige Rollschinken, deren Ablaufdaten mit Nagellack frisiert wurden, Früchtekörbe mit Ananas und Spargeldosen. Die grosszügigen Spender würden am pfeifenden Mikrofon verlesen werden, während man auf der Bühne stand und endlose Tusche spielte. Soundchecks und brauchbare Verstärker waren noch unbekannt; dass man sich selber spielen hörte bei dem Festlärm, war eher Zufall. Man packte sein Zeug und kam über eine kleine Treppe von hinten auf die Bühne, es wurde wohlwollend geklatscht, und man hatte loszulegen.

Ich spielte die Bassgeige in dem wilden Badersdorfer Quartett, bis mir die Finger bluteten. Manchmal verband ich sie von vornherein mit Pflaster, wenn es eine lange Nacht zu werden versprach. Es war eine harte Schule. Aber man lernte, aus den Umständen das Beste zu machen: Je lauter der Saal, desto leiser spielten wir, um die wenigen, die zuhören wollten, zu veranlassen, ihren schwatzenden Nachbarn drohend zuzuzischen. Das Publikum ist ein Kind, sagte ein Schwiizerörgeli-Spieler, der sonst nichts sagte und sich weigerte, im Fernsehstudio zu spielen, als man ihm verbieten wollte, dazu seine Brissago zu rauchen. Weniger war jedenfalls mehr, das zeigte sich auf ganz praktische Weise. Etwa als die Abfolge des Abends es wollte, dass wir in einer kleineren Formation zu zweit an der Gitarre gegen dreihundert Metzger anzutreten hatten, die am Metzgerball mit ihren Kaffeelöffeln in den Fruchtsalatschälchen stocherten. Oder wenn es, wie so oft, am Buffet eine Kaffee-Schnaps-Maschine gab, die dreimal in der Minute mit ohrenbetäubendem Zischen heissen Dampf ins Wasser blies. Wir lernten bald, die Abfolge und Länge der Stücke der Situation anzupassen, bis der Moment kam, wo wir den Saal in der Tasche hatten, wie wir sagten, und die Stimmung selbst bestimmten.

Wenn man die Gesetze der Provinzbühnen beachtete, konnte man sich leidlich durchschlagen. Nach der Qualität der Musik fragte niemand. Auch wir nicht.

Es ging nicht um Musik, es ging um den Effekt. Wer zaubern kann, kommt schneller zum Ziel. Und wir wollten Mädchen, jedenfalls, als die Zeit dafür gekommen war.

Und wir spielten, was sie offenbar wollten – sie wollten Rock and Roll, ob es ein Ländler war oder ein Schlager. Man musste die Stimmung treffen und anheizen, egal, wie und womit. Es musste abgehen, das war Rock and Roll. Und es kam Extrageld in die Taschen, vergleichsweise leicht. Das Handwerk des Zauberns zahlte sich aus. – Nur: Musik ist nicht Mineralwasser, das man ohne Folgen verschachert. Leichtes Geld hat erst recht seinen Preis. Abgetakelte Schlagersterne, von zwielichtigen Managern auf Provinztournee geschickt, kamen schon betrunken an, bevor der Abend angefangen hatte. Viele endeten schrecklich, wie man weiss, weil bereits eine knappe Viertelstunde des Berühmtseins mit Sicherheit den lebenslangen Wunsch des Wiederwollens nach sich zieht.

Wir hatten ja Energie zum Verschleudern, und mit den Quittungen hatte es noch Zeit. Wir reagierten blind auf jede Anfrage und entsprachen jedem Zuruf, auch von den besoffensten Tischen, mit wohlwollender Naivität.

Ich hielt mich für robuster, als ich war. Dass in zeitweiliger Erschöpfung eine Botschaft stecken könnte, kam mir nicht in den Sinn. Was ich lernte, war allein die Ausweitung meines Repertoires in allen Belangen und das Geschick, damit die Frauen zu beeindrucken, die vor und insbesondere nach den Auftritten gern in unsere Nähe kamen. Taten wir das alles letztlich für etwas anderes, als dem anderen Geschlecht die Klischees zu bieten, die es offenbar mochte? Und wenn wir für ihre Männer spielten, dann sollte deren Bewunderung erst recht vor Augen führen, wie einzigartig wir waren, so einsam da oben auf der Bühne, die zwar die Provinz, aber trotzdem nicht weniger als die Welt bedeutete. Wir wunderten uns denn auch nicht, dass Frauen, verlobt oder verheiratet, offenbar bereit waren, über alle Konventionen zu springen, zumindest für einen Flirt hinter der Bühne, oft auch für entschieden mehr. Jedenfalls solange die Macht des Zaubers anhielt. Es gab Exzesse in Hintergärten und, mit Sicherheit ungestört, sogar in nächtlichen Friedhöfen von einer Macht, die nur die sogenannte dumpfe Provinz aufsparen kann. Und wir liessen uns ein – ohne einen einzigen Gedanken an Wenn und Aber. Vor dem Morgengrauen würden wir weggefahren sein – knapp ihren Vornamen gemerkt.

Wir hatten ja nicht mehr die Schul-Schätze von damals im Auge, für die man sich per Abmachung entschied, ohne eigentlich zu wissen, was damit anzufangen war. Als Primarschüler »hatte man sich« einfach, wie man sagte. Punktum. Eine Zeitlang war es geradezu Mode im Schulhof, mit einer bestimmten Anzahl kleiner farbiger Wäscheklammern am Kragen anzuzeigen, ob man jemanden hatte oder ob man noch frei war – eine segensreiche Erfindung, die vieles erübrigte. Es wäre einem nicht einmal in den Sinn gekommen, einander an der Hand zu halten.

Es ging eher um die Rangordnung des Begehrtseins innerhalb der Klasse als um Vorzüge und Zuneigung. Gutes Aussehen spielte noch keine Rolle oder keine wichtige. Tränen bei der Auflösung der Schatz-Verhältnisse wurden nicht wegen des anderen vergossen, sondern wegen der Zurückstufung vor der Klasse – und durchwegs nur von den Mädchen.

Jetzt aber tranken wir Bier, und der eine oder andere Lehrling hatte schon seine regelrechte Braut, die er am Tisch so küsste, dass man ahnen konnte, was sie sonst noch alles taten. Als Mittelschüler zierte man sich noch mit festen Verhältnissen. Manch hereingeschneites Kind hatte eine Akademikerkarriere beendet, ehe sie begonnen hatte. Dafür wollten sich unsere Eltern nicht abgerackert haben und sagten es auch. Die Eltern der Lehrlinge jedoch sassen zwanglos daneben auf der Festbank und boten ihren küssenden Söhnen und Töchtern Zigaretten an. So sollte es sein, sprach der pure Anschein. Und die Musik, die sie mochten und die am Abend nicht auch noch anstrengend daherkommen sollte, konnte nicht völlig daneben sein, auch wenn sie »Sterne« auf »gerne« reimte.

Keine Frage, dass man keinen Tag verstreichen liess, um spätestens eine Woche nach dem erstmöglichen Termin an den alles entscheidenden Fahrausweis zu kommen. Autos jeder Marke fahren konnte ich ja längst, um so schwerer fiel mir die Fahrlehre. Vieles hätte ich begriffen, wenn man es mir nicht erklärt hätte, sagte einer richtig. Trotzdem bestand ich die Prüfung einen Tag nach meinem achtzehnten Geburtstag und fuhr sogleich mit der Bande los, um Vaters Isabella vor die entscheidenden Lokale aufs Trottoir zu bringen. Solche Spritzfahrten konnten aufs schlimmste enden, ja, es war eher die Ausnahme, wenn diese erste Zeit mit den Autos der Väter glimpflich verlief. Zudem noch nach den Auftritten in den Bierzelten, wenn man jeden und jede unbedingt noch nach Hause bringen sollte und natürlich darauf achtete, dass die Reihenfolge zu den eigenen Gunsten ausging. Alkoholtests waren noch weitgehend unbekannt. »Raser« ein Fremdwort. In Weinstalden starben fünf Burschen, ein ganzer Jahrgang, als sie ihre Aushebung zum Militär feierten und über eine Kurve hinaus in eine Schlucht rasten.

Vaters Borgward war ideal, um mit den Instrumenten bis ins hinterste Kaff zu kommen. Das Schiebedach erlaubte es, die Bassgeige aufrecht und platzsparend zu transportieren. Von Jack Kerouac, der zur gleichen Zeit durch die amerikanische Nacht bretterte, und von Boris Vian, der in Paris mit seiner Trompete die Nächte von St. Germain erleuchtete, wussten wir nichts – wir bekamen andere Texte als Hausaufgabe. Wir waren entschieden die provinziellere Variante des gleichen Gefühls, unterwegs zu sein – egal, wohin, aber sicher, weshalb. Gab es je einen anderen wirklich guten Grund ausser Musik und Frauen? War in die Morgendämmerung hineinzufahren, einen Kopf an der Schulter, verklebt und hellwach zittrig von der Freinacht, nicht Grund genug? Oder im waagrechten Schneetreiben in die hereinbrechende Dämmerung hinein mit dem Zweifel, jemals wieder Menschen zu Gesicht zu bekommen, geschweige denn Zuhörer in einem ungeheizten Bärensaal im hinteren Emmental. So oder so, wir waren unterwegs in die Zukunft, die noch intakt war. Mit Zweifeln hatten wir es entschieden nicht.

Der neue Tag, in den man hineinfuhr, konnte das ganz grosse Wunder bescheren, das definitive Ende der Biederkeit; aus der Spritztour würde ein Konvoi werden, ein Camp, eine Lustseuche – gar kein Zweifel, ja, es war bereits so, waren doch mehr und mehr Gefährten unterwegs und standen doch mehr und mehr Didaktiker ratlos vor der schieren Masse von Jungen, die sich ohne Rücksicht auf Verluste mit Schlafsack und Anorak auf- und davonmachten. Rock around the clock! Nie war die Welt jünger, das bestätigten auch die Demographen. Und egal, wo dieser Kinderkreuzzug enden würde, was hatte man zu verlieren? Dass man hinausgeschmissen wurde, wo man doch hinaus wollte? Es gab ja Arbeit überall, auch ohne Abschluss, und Länder, in denen man für einen hiesigen Monatslohn viele Monate gut leben konnte: Oasen in Marokko, Höhlen in der Türkei, endlose Palmenstrände in Indien für ein Butterbrot. Was sollte schon passieren, wenn man die Welt der Eltern hinter sich liess, zumindest den Teil, der nichts mit dem Boden zu tun hatte, den die Eltern uns stillschweigend unter die Füsse schoben, damit wir unbekümmert sein durften. Und es gab kein geeigneteres Medium als die Musik, um diesen Aufbruch auszudrücken und zu stimulieren. Erst war es der Jazz, die Negermusik, dann Rock und Pop – alles, was in den Kolumnen dem Teufel zugeschrieben wurde und wogegen der liebe Gott die klassische Musik gepachtet zu haben schien. Bis sie ihm die Beatles entrissen. Nun durften selbst gestandene Oboisten und Bratschisten diese wild gewordenen Grashüpfer bei ihren musikalischen Eskapaden und Tourneen begleiten. Wo sollten also Grenzen sein, in einer Zeit, als englische Vorstadtlümmel innerhalb dreier Jahre populärer als Jesus werden konnten, wie Umfragen bestätigten. Nein, uns gehörte die Welt, jetzt schon, *the age of aquarius*; was nicht dazugehörte, würde bald wegsterben.

Die Polizei trug noch Krawatte, Steine waren noch nicht geflogen, Schüsse auf einem Campus undenkbar. *Denn sie wissen nicht, was sie tun*, hiess der Film. Jedoch, was mich betraf, ohne das gequälte Lächeln jenes Todesengels, das vielmehr ein Weinen war. Mein Lächeln auf den alten Fotos ist ebenso narzisstisch verträumt, aber nicht derart verzweifelt. Dafür war der Hintergrund zu erdig.

Man trug noch die langen schwarzen Pullover und stellte die Beine angezogen auf den zweiten Stuhl. Und wenn es kalt wurde, zog man den Pullover über die Knie.

Als Elvis starb, stand das ganze Schulhaus unter Schock.

Es wurde Zeit, eine richtige Rockband zu gründen. Ich kaufte einen Verstärker. Nun würde man zuhören müssen! Und die Richtige sollte es hören.

*

Der Heustock

Auf den Heustöcken, knapp unter dem Dach der langen Scheune, bauten im Herbst die dicken Spinnen ihre Netze. Sie spannten sie von den obersten Halmen der langsam erkaltenden Stöcke hoch hinauf ins Gebälk. Bis zu zehn Netze hintereinander spannten sich in Richtung des offenen, die Gärwärme abziehen lassenden Fensters, mit einem dicken schwarzen Knoten in der Mitte: Kreuzspinnen. Ein Entkommen gab es nicht: Wenn nicht im ersten, so würden die Fliegen und Rossbrämen auf dem Weg ins Licht halt im letzten der Netze hängenbleiben. – In Japan sah ich Jahre später solche Netze mit gelben Spinnen. Sie spannten sich in den Bambuswäldern von Stange zu Stange, und Spinnen waren die einzigen Tiere, die zu sehen waren. Auf dem Boden aus Bambusblättern lief man wie auf einem Trampolin, weil die Blattspeere schlecht verrotten. Man sah nur die handdicken Stangen und die gelben Spinnen in Serie gegen die versplitterte Sonne hin: eine Diktatur, gelb gegen jedes Ansinnen.

Auch auf den Heustöcken muss man beim Gehen bei jedem Schritt bereits den nächsten kennen, um ihn im Knie abzufangen. Man geht sozusagen im Off, wie Zirkusartisten, die vom Netz heruntersteigen, sich mit einem Salto abrollen und vor dem Publikum verbeugen, nachdem sie wieder sicheren Boden unter den Füssen haben.

Unseren Bubenspielen im Heustock sah niemand zu, wir wussten wohl, warum. Der mechanische Heuaufzug mit seiner Greifzange, die leicht drei Menschen hintereinander hätte aufspiessen können, war unser Trapez. Ich liess mich von Erwin am Starkstrommotor, der auf ein Schubkarrengestell montiert war und deshalb überall im und um den Hof zum Einsatz gebracht werden konnte, ins

Dachgebälk hochziehen, um dort um die Achse zu zwirbeln und mich mit einem Salto in die weichen Haufen fallen zu lassen. Die ultimative Mutprobe bestand darin, uns, in die Fahrschiene eingeklinkt, die ganze Länge der Scheune abzufahren, um dann aus zehn Metern Höhe über dem Pflasterboden der Tenne unmittelbar in die Vertikale abzutauchen. Es war der Moment, in dem die Zange mit einem Ruck hinabzufahren begann. Ein Lustschreck, der in immer waghalsigere Unternehmen mündete, denn jede Gewohnheit machte es zunichte, dieses Elixier. Und nichts konnte den Entschluss wieder rückgängig machen, selbst wenn man es gewollt hätte; der Sog auf den Wasserfall zu hatte das Schiff erfasst; die Zange anzuhalten hätte bedeutet, mit schwindenden Kräften hoch über Zwischenböden und spitzen Gerätschaften zu zappeln, bis die Kräfte nachliessen. Die Kraft musste einfach reichen, bis zum Ende. Und die geharzten Riemen durften nicht von den Antriebsrollen rutschen, was etwa beim Mosten und Güllepumpen mehrmals pro Tag geschah. Es musste einfach zu Ende gebracht werden, koste es, was es wolle. Nie wurde etwas abgebrochen, weil die Umstände widrig wurden. War man auch völlig durchnässt, verletzt oder fiebrig, kam Hagel oder zuckten Blitze links und rechts, das Fuder wurde eingebracht. Was man heiss isst, kann man auch kalt essen!

Was die Kinder zwar betraf, sie aber nicht wissen wollten: Auch die Ehen der Eltern waren bald so weit, es wurde bald kalt gegessen. Der Gewohnheit auszuweichen, fehlte Raum und Kraft, man brauchte sie anderswo, weiss Gott. So, wie man sich forderte, und in der Enge, in der man lebte, blieb nicht einmal die Kraft, um an Trennung auch nur zu denken. Bauern lassen sich nicht scheiden. Allenfalls läuft sie weg, was jedoch selten geschah. Noch wenige Generationen früher schied der Tod ohnehin und ungefragt bis zu drei Frauen vom Meister, wie die vergilbten Fotos zeigten, wobei die nachgeheirateten Frauen jünger, nicht älter zu sein hatten. Bis dass der Tod euch scheidet, war von Anfang an gegeben, man konnte sich weder Hoffnung noch Verzweiflung leisten.

Liess man zwar die Haustür unverschlossen in Badersdorf, so schloss man jedoch die Kammern im Groll. Fertig. War die Ehe auch eine Hölle, so war man gegen aussen hin doch nicht niemand. Denn ledig bleiben hiess dienen, sein Leben lang. Es galt auch: Entweder man übernahm den Hof, die Schmiede, die Fuhrhalterei, die Brückenwaage, wurde Abwart, Quästor, Vereinspräsident, oder man zog sich aus der Schlinge, hinaus aus dem Dorf, in die Stadt zur Miete und kam übers Wochenende zum Aushelfen.

Fünfhundert verbürgte Jahre lang war das so gewesen, wie das Wappen im Hausgang belegte: entweder Bauer oder Reisläufer, Bauer oder Arbeiter, auf dem Eigenen oder Gepachteten, eingeweibt oder nicht, ledig oder nicht. Bauernburschen waren bei den Turnern, Arbeiter gingen zu den Fussballern. Bauern waren in der Bauern-Gewerbe- und Bürgerpartei, Arbeiter gingen zu den Sozis. Die einen konnten selbst entscheiden und trugen das Risiko, die anderen hatten dafür ein regelmässiges Einkommen und Ferien. So waren die Chips verteilt. Dazwischen war nichts. Die Arbeiterhäuschen mit den Kaninchenställen und der einzigen Kuh zählten nicht. Motorradfahrer grüssen sich erst ab 250 Kubikzentimeter. Und ein Wechsel in den Besitzstand war in einer Generation nicht zu schaffen. Dafür reichte das Spielgeld nicht, dafür wuchsen die Bäume zu langsam. Und umgekehrt: Den Hof verkaufen und mit dem Fahrrad in die Färberei zu trampen, wie es manchmal vorkam, war wie Auswandern, ein Verrat. »Er hat aufgegeben«, hiess es wörtlich. Auswandern tat man vormals nie ohne Not, und wer es ohne Not tut, den führt sie kleinlaut zurück, früher oder später. Natürlich lockte die Ferne, aber von Lugano mit dem Car hatte man auch wieder nach Hause zu kommen. Und einheiraten in den Bauernstand bedeutete für Männer ein Leben unter der Lupe; bis zu seinem letzten Tag würde er zu beweisen haben, dass er das Übernommene mehrte und der Frau Herr wurde, was selten gelang, ja, von den Umständen her unmöglich war.

Was in der geheimnislosen Enge des Wohnteils nicht sein durfte, war auf dem Heuboden gegeben: Er konnte zum Tanzboden werden, zum Liebesnest, zum Asyl, zur Selbstrichtstätte. Was in den Heustöcken begann, endete nicht selten auch dort. Der Heustock war auch die Initiation für jeden Neuling in unserem Kreis. Hier hatte er zu beweisen, dass er leichtsinnig oder mutig genug war, um mit uns Umgang zu haben.

Dazu gehörten auch die Messerspiele auf den morschen Bretterböden. Es galt, jede Art von Messer in jedem Abstand sofort ins Ziel zu werfen, sei es eine Runkelrübe, ein Baumstamm oder der Kopf des BGB-Kandidaten für den Ständerat am Scheunentor. Es galt zum Beispiel, dem in einem Abstand von einem Meter Gegenüberstehenden den Dolch oder gar Grossvaters Dragonersäbel möglichst knapp am nackten Fuss vorbei, jedoch nicht weiter als eine Handbreit entfernt, in den Boden zu bringen. Jeder erfolgreiche Wurf zwang den anderen, seinen Spagat zu erweitern – wer zuerst umfiel, hatte verloren. So waren die Spiele, und so sind Spiele: nach drei Sekunden schon ernster als das Leben. Denn im Leben, auch in Badersdorf, wurde zumindest nicht immer so heiss gegessen, wie es gekocht wurde.

Der blanke Zweischneider im Hosenbund unter dem Hemd, der gefährlich auf mein Geschlecht zeigte, war lange Zeit mein Schutz und Bund. Nicht dass ich vorgehabt hätte, jemanden abzustechen, und nicht dass ich damit prahlen wollte – ausser Erwin wusste es niemand, und niemand sollte es wissen. Doch dieses breite Eisen auf meinem Unterbauch – mein liebstes Wurfgerät, in Sekunden zu Handen – war mir ein Schild, ein Anker im Geheimen. Wie der schwarze Punkt im Gallert des Froschlaichs zwischen den Fingern am Färberkanal war ich eingepackt in Hüllen übernommener Normen und Bilder, überschwemmt von tierischen Hormonstössen und gefangen in kindlichen Geheimnissen. Es gärte unter der Kapuze meines Parkas wie in den Heustöcken, vor der frivolen Vitrine des Bahnhofskiosks oder zwischen den Tischreihen fortgeschrittener Bierfeste: Ich will es doch nicht wissen, euer Spiel, und ihr kennt nicht meins. Gäbe es doch eine Feuermauer gegen das Eindrängende! Und ich werde ein Krieger gegen alle, auf dass mir keiner zu nahe komme!

Spielten Menschen je ohne Zweck? Jedenfalls nicht in Badersdorf! Im Badersdorfer *Rebstock* war ein Jasser beinahe erdrosselt worden, wären andere nicht zugesprungen – an der Krawatte aufs Trottoir geschleift. Er hatte seinem Partner das »Nell« nicht zugespielt.

Unser Spiel war der Heustock, Grossvaters Spiel war das Wetter. Es war eine andauernde Wette um jede Stunde: Wurde das Heu zu früh eingebracht, gärte es in der Scheune weiter und konnte sich entzünden, was das Ende des Hofs bedeutet hätte, nicht weniger. Wartete man zu lange, konnte es verregnet werden und musste erst einmal wieder verzettet werden, damit es trocknen konnte, was doppelte Arbeit bedeutete und die Qualität beträchtlich minderte. Noch schlimmer war, wenn es in die aufgepflügten Kartoffeläcker regnete, dann war nur noch Schlamm rundum; die Wagen staken fest, die Stollen der

Traktoren schmierten zu, an den Kartoffeln, die man aufhäufte, klebte das doppelte Gewicht an Erde. So mussten die russischen Soldaten ausgesehen haben, die sich hier mit den Franzosen schlugen vor der einzigen Brücke über den Fluss; die rostigen Degenknaufe und die Hufeisen warfen wir auf einen Extrahaufen.

An der richtigen Einschätzung des Wetters hing alles. Vom Hundertjährigen Kalender hielt Grossvater nichts. Er wägte das Ziehen seiner alten Knochen mit der Radioprognose ab, wobei seine eigene Analyse den Ausschlag gab, manchmal diametral gegen jede öffentliche Vernunft. Aber er war bekannt dafür, recht zu behalten. Die Bauern hielten ihre Fuhrwerke an, um seine Meinung zu hören. Morgenrot, Abendrot, Tau im Gras, schwarze Wolken unter weissen, das Föhnfenster, Katze frisst Gras, die Leitung schwitzt, die Hunde, die Hühner – alles zusammen ergab das aktuelle Wetter-Bild, mochte sich über dieser Biskaya aufbauen, was wollte. Kam »der im Radio« zum gleichen Ergebnis, um so besser.

Und kam dann der Regen, hätte man meinen können, es trockne nie jemals wieder etwas um und im Hof. Mit dem Futtergras kam die Nässe in die Tenne, dass es tropfte, Schnecken krochen kreuz und quer, die Hunde schüttelten sich im Hausgang und verschmierten die Treppen, die nassen Kleider mieften an den Haken – es war einfach alles feucht. Es kroch in Mark und Bein, die Schulhefte wellten, der Kalender bog sich, was man Neues anzog, war schon feucht. Schlimm war es im Frühling und im Herbst, wenn noch die Kälte dazukam. Denn geheizt wurde nur im richtigen Winter. Also musste man auf trockenes Wetter warten, bis sich wieder etwas wie Wohnlichkeit in den Stuben und Kammern einstellte. Aber Kälte war kein Thema, jedenfalls nicht der Rede wert, tropfende Nasen gehörten zum Dorfbild. Es gab ältere Knechte, die Kälte überhaupt nicht zu spüren schienen. Sie kamen aus einer Zeit, als man barfuss in Holzpantinen durch den Schnee gestapft war. Es waren andere Menschen.

Gegen den immer wieder einmal drohenden Kuhnagel, wie man sagte, rieb man mit der jeweils anderen Hand Schnee um die Finger, bis der schon arge Schmerz allmählich nachliess und man weiterarbeiten konnte. Wo aber Nässe und Kälte eindringen können, schleicht sich auch der Staub ins Haus. Nach dem Dreschen lief jeder mit geröteten Augen herum, auf den Tischen und Kommoden lag ein grauer Film. Isolieren war noch ein Fremdwort.

Man lebte mit Rauch und Eisblumen, mit dem Rasseln der Ketten vom Stall und dem Knacken des Holzes im Herd. Es roch von den Apfelhurden aus dem Keller herauf, es roch nach Heublumen aus den Stöcken, die Knechte brachten den beissenden Geruch der gestriegelten Kühe an den Tisch, es roch nach Hundefell und Sägemehl und manchmal nach Katzenpisse im Hausgang, aber auch nach der ganzen Breite eines sommerlichen Bauerngartens vor den Fenstern zur Strasse hin, den Sonntagszöpfen und Rauchwürsten. – Wie draussen, so drinnen; sinnlos, sich dem Diktat der Umstände entziehen zu wollen. Die Zeit würde es ändern, der Föhn, der Durchzug, die Vorbereitungen aufs Taufessen. So wechselten die Verhältnisse unmerklich vom einen ins andere, es ging einfach vorüber, wie das Zahnweh und der Ärger, das war der Trost. Die Jahreszeiten gingen dahin, die Jahre, ein Leben. Man wusste nichts anderes. Gibt es etwas anderes?

Johannes, es ist so weit, sagte dann eines Tages der Doktor mit der Uhrkette und dem abgewetzten Köfferchen, selbst dem Tod näher als dem Leben, der übergewichtig keuchend die Treppe heraufkommt und nun dasitzt am Bett des Grossvaters. Sag, was du noch willst.

Der Alte, von nichts anderem als der Lebenslast in die Kissen gedrückt, will Sauser. Essen mochte er schon drei Tage nichts mehr; sein Silberlöffel lag unberührt auf der Lade. Eine Flasche Sauser noch und dann gehen. Es ist, wie es ist, hatte er seiner Lebtag gesagt. Jetzt aber war Januar. Er hätte damals geradesogut nach Palmwein oder einer Kokosnuss verlangen können. Sauser, der Halbvergorene mit seiner Süsse, die dem Badersdorfer Katzenseicher drei Monate später dann absolut abging, war dem Grossvater etwas vom Liebsten neben den Blutwürsten und den Fasnachts-Chüechli. Aber seine unrentablen prämierten Rinder hatten längst plumpen Milchkühen Platz machen müssen, die man am Samstag nicht mehr unnötig aus dem finsteren Stall auf den Hofplatz hinauszerren musste, um sie an der Sonne zu hätscheln. Der alte Nussbaum, der von innen her ausfaulte, hatte gefällt werden müssen. Grossvaters liebster Heuwagen mit den Eisenbeschlägen war endlich weggegeben worden und hatte dem Borgward Platz machen müssen... Was wollte der Alte noch hier, ausser einer Flasche Sauser, ausgerechnet im Winter! Also schickte man mich, um eine Flasche Veltliner vom Minderen zu holen, die man mit Mineralwasser und etwas Zucker versetzte. Ob er es noch merkte, den letzten Beschiss, ich weiss es nicht.

Das Zimmer war aufgeräumt, als wir Kinder hineindurften, das Fenster offen. Grossvater war etwas bleich und spitz, die Erwachsenen waren plötzlich schwarz wie Raben gekleidet und redeten anders und mehr als sonst miteinander. Drei Tage lang kamen Onkel und Tanten und Leute vom Dorf, um ihn anzusehen und anschliessend in der guten Stube beim Nusslikör zu sitzen. Es wurde nicht mehr richtig gearbeitet, das Licht des Dorfes lag milde auf unserem Hof, wir waren geehrt und entbunden, es war wie drei Tage Sonntag.

Es war mein Geburtstag, als Grossvater weggeholt wurde. Der Dorfpolizist hielt die Autos an, die von der Stadt die Steigung heraufdrängten. Der Zug der alten Badersdorfer würde eine halbe Stunde lang nicht zu überholen sein. Die tiefste Glocke schlug in langen Abständen. In einem Gedicht, das ich später schrieb, starb er beim Weidenschneiden. Das hätte ich mir gewünscht, weil ich Grossvater, meinen letzten Verbündeten, bei dieser Arbeit immer ganz für mich allein gehabt hatte. Im Frühling erklärte er uns Buben die Kräuter der Magerwiese. Wozu einen Garten, sagte der alte Jäger, hier wächst alles, wenn man es weiss. Gärtner war er weiss Gott nicht, und auf dem Acker wollte er nicht vorwärtskommen. Beim Ausdünnen der Runkeln, jeder vor seiner endlosen Reihe von Pflänzchen, war er mit Abstand der hinterste. Ich glaube, er nahm jedes Unkraut persönlich. Und was Grossmutter am Abend an Krempel auf die Strasse stellte, trug Grossvater frühmorgens wieder herein. Was im kleinsten nicht stimmt, kann im grossen nicht stimmen, war Grossvaters Meinung – aber ohne kritische Masse kein Quantensprung, war Grossmutters unausgesprochene Devise, die beim Ausdünnen stets die vorderste war. Dazwischen waren gleichwohl fünf Kinder entstanden. Gegensätze ziehen sich an, auch wenn sie die Nähe nicht ertragen.

Weidenruten schneiden am Bach war neben dem Bürdelimachen etwas, was sich einzig noch die Alten aufluden und dabei einen kleinen Helfer brauchten. Ein Helfer genügte, erst recht bei Grossvaters Arbeitstempo. Er kniete auf einem Jutesack im Schnee und schnitt die Ruten ab, ich hatte sie zusammenzulesen und mit der letzten kunstvoll und immer gleich zu einem Bündel zu binden. Geredet wurde nicht. Vater brachte die gelben und roten Ruten später in die Anstalt, wenn ein Fuder beisammen war, und konnte gleichzeitig fertige Zainen und Körbe dafür mitnehmen. Beim Abladen der Ruten halfen die debilen Webstübler mit ihren blauen und grünen Schürzchen, die mit Kupferkettchen gehalten wurden. Ich fürchtete mich vor ihnen, weil einige geiferten wie unser Neufundländer, und sie redeten lauter als andere Erwachsene, weil man sie auch so anredete. Hierarchie von oben nach unten geschah von leise zu laut in Badersdorf; der Direktor, der jede Quittung eigenhändig absegnete und später wegen Veruntreuung von Mündelgeldern ins Gefängnis kam, flüsterte geradezu mit meinem Vater. Denn Gottfried war auch da, unser ehemaliger Knecht, der jetzt in die Hose machte wie ein Kind. Wenn er wieder einmal vor Heimweh zu uns nach Hause durchbrannte, musste er auf einer Matratze im Geräteschuppen schlafen, weil es ausser der Nase meiner Krähe keine andere aushielt in seiner Nähe. Auf dem Vorplatz der Anstalt stand er die ganze Zeit nur bei dem Pferd. Als Verdingbub hatte er im Rossstall schlafen müssen. Und wenn sie ihn zurückbrachten ins Asyl, weinte er hemmungslos und fand, dass es nicht mehr schön sei.

In dem Gedicht bekam ich zum Geburtstag eine kleine Gitarre aus Blech. Das war tatsächlich so gewesen. Und dass Schnee lag, über alle Massen, ebenfalls. Die beiden Totenrosse sahen aus wie Klaviere mit Überzug – oder war es vielmehr der Wagen mit seinen Zotteln und gedrechselten Säulen, den ich mit der Kultur in Zusammenhang brachte, die mir im Salon von Onkel Albert in der Stadt einen Nachmittag pro Jahr verdüsterte? Tante Lydia pflegte sogar zu singen, woraufhin Vater, komplizenhaft zu mir hersehend, die Augen verdrehte. Aber der Baumeister war sein Taufpate, die Ehe kinderlos und der Tannenbaum zu Weihnachten aus einem Drahtgestell, das man wie einen Schirm aufklappen konnte und das bestimmt keine einzige Nadel warf. Dabei hätten wir

Hunderte von Christbäumen gehabt, weshalb Vater und ich stundenlang im Wald herumstapften, um einen noch schöneren zu finden, vielleicht sogar einen Wipfel mit Misteln dran.

Einzig die Dellen in der Gipsdecke über dem geschwungenen Salontisch verrieten, dass früher ab und zu ein Champagnerzapfen in die Höhe gefahren sein musste. Eine solch seltsame Flasche, wie sie das Mädchen mit der Haube brachte, war noch nie in unserem Haus gesehen worden. Sonst war alles steif und kalt in dieser Villa am Stadtrand, und ich merkte, dass auch Vater froh war, diesen Ort verlassen zu dürfen, wenn der Anstandsbesuch abgestattet war und Lydia gesungen hatte. – Schade nur um den Korb voller Eier, den Ertrag zweier Wochen. Meine Grossmutter erbte dann auch nicht einen einzigen Rappen, wie man es doch erhofft hatte. Die Villa wurde der Altenpflege übermacht, ein Platz in der Stadt wurde nach dem Baumeister benannt. Das Foto im Foyer der Bank am Platz zeigte Onkel Albert mit einem silbernen Stock vor seiner Limousine. Er sieht aus wie Albert Schweitzer bei einem Besuch in Strassburg. An unserem Tisch war fortan nicht mehr die Rede von ihm, oder vielmehr von Lydia nicht, die hinter allem steckte mit ihrer Bibeltreue. Ein paar Tausender hätte er Grossmutter wenigstens vermachen können für die Hemden, die sie ihm über all die Jahre wusch, als er sich in der Baufirma seines zukünftigen Schwiegervaters an Lydia und die Karriere heranmachte. Statt dessen brachte er uns auf jede Weihnacht eine Mokkatorte. Und eine Viertelstunde, bevor er mit Lydia wieder abfuhr, ging er auf den Hofplatz hinaus, um schon den Motor warmlaufen zu lassen – bei den Holzvergasern während des Kriegs war es eine Stunde gewesen. Aber die Kriegsjahre waren vorbei und mit ihnen die Alberts und die letzten Barfussknechte. Mein Bruder hätte die

Limousine gerne gehabt und umgespritzt, aber auch die wurde zum Wohle der Armen eingezogen. Es war nichts zu machen. Er kam halt aus dem Bauernstand, der Albert, sagte Grossvater, und musste es seiner Lebtag hören – und von Mokkatorten werde ihm schlecht.

Das Karussell drehte sich unentwegt und immer schneller. Wer sich sträubte, wurde abgeworfen, die Alten flogen von alleine hinaus. Das Kind, als es auf dem Hintersitz der Isabella beiläufig hört, dass mit der Autobahn, die unabwendbar komme, kein Bauerndasein mehr möglich sei in Badersdorf, flieht in den Taubenschlag, als wären die Tauben als erste in Gefahr. Die Tauben, die im Schein der Petrollampe paarweise auf ihren angestammten Stengeln sitzen und sich nicht rühren, sind ihm Trost und Hort. Selbst Vögel wollen wissen, wo sie hingehören. Die junge Krähe, die ihm der Grossvater vom Feld gebracht hat, noch in seinen letzten Tagen, öffnet den Schnabel, wenn sie das Kind nur schon sieht. Wer Futter hat, ist Meister. Es ist die gleiche Hand, die füttert und schlachtet. Wie sollte das Verhängnis aufzuhalten sein, es war stärker, das war mit jedem Tag zu sehen. Und die widerstanden, würden – noch schlimmer – Legende werden Kraft des Neuen. Schulklassen würden den letzten Kuhstall besichtigen und den Bauern interviewen – es gab keinen Ausweg.

Es war abzusehen: Die Hochstämmer würden nach und nach verschwinden, die Schafe würden dem Schäfer des Militärflugplatzes gebracht, die Kühe aus dem Stall geführt werden, eine um die andere, zuletzt die Rinder – das Pferd war schon fort –, der Innerschweizer holte das letzte Heu und Stroh mit seinem Saurer. Auf die Baugespanne folgten die Krane, Autohändler stellten die ungemähten Wiesen voll an den Ausfallstrassen und spannten bunte Wimpelschnüre auf, es gab Ballone das ganze Jahr und den ersten Grill. In der Landwirtschaftlichen durfte man sich selbst bedienen, soviel man wollte, was die Grossmutter nicht mehr verstehen mochte. Sie blieb fortan zu Hause. Sie sass nur noch unter dem Sonnenschirm mit dem Strickblätz, der immer gleich gross blieb. Vater spannte ihr den Schirm jeweils morgens auf, ihr Sohn, der vormals Heu gestemmt hatte, halbe Fuder aufs Mal. Es kamen die bunten Rasenmäher, Häxler und elektrischen Heckenscheren, die jeden Verdacht auf Stille sofort im Keim erstickten. Es kamen die originellen Antiquitätenhändler in Bauernhemden und geblümten Hosenträgern, um den Bauern die alten Truhen und Pflüge abzuschwatzen. Es kamen die Künstler in die Scheunen, der Bastelbedarf, die Werkstatt der Go-Kart-Racer – nein, man würde immer zu tun haben, und die Alters- und Hinterbliebenenversicherung sei wohl auch etwas Rechtes.

Die Lage und Besonderheit unseres Landes mitten in Europa, der nahe internationale Flugplatz, die nahe Stadt, die grösste und wirtschaftlich wichtigste weit herum, das Autobahnkreuz, der Steuerfuss, die Deregulierung, wie es richtig heisst, machten Badersdorf in Kürze zu einem der begehrtesten Standorte nicht nur des Landes, sondern des Kontinents. Hatten Spieler je ihre Trümpfe nicht ausgespielt? Badersdorf fielen sie günstiger Umstände halber unversehens in die Hände – oder sollte man unverdient sagen, was nie zum Segen wird? Aber Tor ist Tor, man muss immerhin rechtzeitig am richtigen Ort stehen, um mit Glück eins zu schiessen. Die Badersdorfer, durch lange Not gewitzt, verpassten einfach keine Chance.

In einem Bürokomplex am Färberkanal entstand die europäische Zentrale des grössten Software-Entwicklers der Welt. Eurocard baute ihr Rechenzentrum, die Telekommunikationsfirmen kauften auf Vorrat errichtete Gebäudekomplexe. Eine Firma für Raumfahrttechnik liess sich nieder, deren Antennenmodul im Jahre 2011 den Kometen Virtanen umrunden wird und danach mit einer Firmenplakette namens Badersdorf das Sonnensystem verlässt. Zwei Brüder aus Badersdorf gründeten noch in der Sekundarschule eine Computerfirma, die heute weltweit die Zentralrechner technischer Hochschulen beliefert. Herrschaften, die früher Badersdorf überflogen, kamen nun diskret in Limousinen unsere Strasse herauf, die wir vor kurzem noch auf Kugellager-Bännen hinabgeflitzt waren. Der reichste Mann der Welt kam in Turnschuhen und speiste vegetarisch im *Shanghai*, wie der Lokalanzeiger zu berichten wusste.

Und auf dem Dach des Fernsehkomplexes bei der Abfallverbrennung orakeln adrette Girls übers Wetter, das man hinter ihnen ohnehin sieht. Und wenn kein Nebel über Badersdorf liegt, wird der Blick frei auf einen Ort, der noch vor wenigen Jahren ein Schauplatz von Spielen und Geschichten war, die über Jahrhunderte die gleichen waren.

Das Gedicht von der Beerdigung des Grossvaters endete mit den Zeilen:

Dann traten meine Eltern aus der Tür
Ich sah sie zum ersten Mal
Sie stellten sich hinter den schwarzen Wagen
wie zwei verlorene Geschwister

Mit der Totenglocke verschwand er
Dass es anfing zu schneien
verwunderte mich nicht

Sie zogen alle weg
ohne sich umzusehen

Da stand ich
bei den Katzen
den Rossäpfeln
mit der kleinen Gitarre aus Blech

Und wenn Grossvater noch irgendwo steckt – dann bestimmt über der Biskaya, wo sich noch in tausend Jahren zusammenbraut, was der beste Zentralrechner der Welt, stammt er auch aus Badersdorf, nicht länger als fünf Tage mit Sicherheit voraussagen kann.

*

Das Schwimmbad

Der Badersdorfer Nebel war Legende; vielleicht war das insgeheim der Grund dafür, dass man begann, ein Schwimmbad dieser Dimension zu bauen, das später auch noch um ein Eisfeld erweitert wurde. Vielleicht hätte es niemand länger aushalten wollen ohne diesen Freudenspender im Sommer, diese gleissenden Lichtschlieren auf dem Wasser und diesen Reflektor des Eisfeldes im Winter, der den Badersdorfer Nachthimmel erleuchtete – dazu noch Walzermusik zum Rundum der eingehängten Paare, zum Punsch und dem Knallen der Pucks an die Banden des kleinen Eishockey-Feldes.

Die natürlichen Eisfelder im Badersdorfer Ried, wo der Nebel herkam, waren zu gefährlich geworden, man wollte die Opfer nicht mehr bringen. Zweimal in zehn Jahren war ein Bub ertrunken. Denn was hiess schon: »Betreten der Eisflächen auf eigene Gefahr!« Alles war doch auf eigene Gefahr gewesen in Badersdorf.

Aufs Schwimmbad aber war Verlass. Hier gab es Verantwortliche, der Kiosk würde pünktlich geöffnet sein, es gab Toiletten, Umkleidekabinen, und es gab dieses gleissende Licht sommers wie winters, das man, wie man heute weiss, unabdingbar braucht, wenn man das immergleiche Arbeitsvolumen rund ums Jahr erfüllen und nicht dem Alkohol verfallen will, wie viele alte Badersdorfer. Und dieser Reflektor lag nicht in der Senke bei den Fabriken, er lag auf dem höchsten Punkt des Dorfes, schon fast über der Nebelgrenze. Im Winter, und erst recht im Nebel, hätte man meinen können, es sei ein UFO oberhalb von Badersdorf gelandet. Fortan lag eine von Musikfetzen und Kreischen durchzogene, aufgeladene Fröhlichkeit fast rund ums Jahr über der Gemeinde.

Auch möglich: Manchmal unterläuft einfach etwas Wegweisendes ohne grosses Aufheben, dass sich noch spätere Generationen darüber wundern. Manchmal wachsen in Kiesgruben und auf Autofriedhöfen die exotischsten Blumen, vom Wind hergetragen, von auslaufenden Batterien genährt. Auf den wundgeschossenen Feldern der Ehre wächst aus den Stahlsplittern als erstes der zarte Mohn. Manchmal stösst man in Bergdörfern unvermittelt auf Kathedralen, von reichen Emigranten hingeklotzt, Zeugnisse schlechten Gewissens von Söldnerobersten aus dem Tal, Bündner Zuckerbäckern in Venedig, Söhnen der Gemeinde, Freunden des Dogen: Ruhestätte im Granit statt einer Wanderlagune. Oder die Basilika verdankt sich einem Naturschrecken wie der Via Mala. Der einen oder anderen Form von Not verdankt sich alles Grosse, zumindest muss es jemand bezahlen. Oder umgekehrt: Licht ist immer, es ist nur nicht immer ein Reflektor da. Dunkelheit ist simple Abwesenheit. In Badersdorf war die Sonne etwas zu oft abwesend, und das wollten die Zuzügler und potenten Steuerzahler wohl nicht länger hinnehmen. Von den Bauern war wenig zu erwarten in dieser Richtung, im Gegenteil, hätten sie noch das Sagen gehabt, dann wäre ein Schwimmbad, gerade ein Schwimmbad, als letztes gekommen.

Aber das Badersdorfer Schwimmbad sollte uns allein gehören! Was suchten die Heerscharen von Jugendlichen und Kindern selbst aus den nahen Vororten der grossen Stadt in unserem Badersdorf, die unsere Strasse heraufkamen mit dem Badetuch unter dem Arm zusammengerollt. Die wenigen aus den umliegenden Dörfern mochten angehen, aber Städter hatten nicht unseren Sprungturm zu besetzen, so dass wir Badersdorfer vor der Eisenleiter anstehen mussten – nicht in unserem Schwimmbad! Und am Kiosk kauften sie zusammen, was das Zeug hielt, und reklamierten noch, wenn etwas fehlte, das man in der Stadt angeblich schon lange bekam.

Aber man hätte nicht herkommen wollen, über eine Stunde Wegs, wenn das Badersdorfer Schwimmbad nicht eine Attraktion gewesen wäre, dass selbst die Vorstädter staunten. Wer eine Via Mala hinnimmt, wird wohl wissen, was ihn am Ziel erwartet.

Da half Grossvaters Pferdegeissel! Es war vielmehr eine Art Fischerrute mit einem weiss gewesenen Hochzeits-Mäschchen am Schaft. Wir knallten damit stundenlang auf unserem Vorplatz herum. Manchmal gelang es mit einem geschickten Schlag, eine von Mutters Tulpen zu köpfen. Kam wieder ein Pulk von Barfüssern mit Turnhosen und Handtuch-Rollen unter dem Arm, dann stellten wir uns mitten auf die Strasse und knallten mit allen Geisseln, die noch in Badersdorf aufzutreiben waren. Dem Gesetz des geringsten Widerstandes folgend, fanden die Städter aber bald andere Wege zu unserem schönen Kraftplatz. War es nicht der San Bernardino, so konnte es auch der mildere Ofenpass sein, wenn man auch drei Tage dazurechnen musste. Aber uns blieb die Genugtuung des Sieges, dumm, wie immer, wenn man nicht sehen will, dass Siege Niederlagen sind vor der Geschichte. Unser Eldorado zu schützen, zumal es ein wirkliches war, konnte nur das Gegenteil bewirken. Warum sollten sich die Eingeborenen sonst wehren, wenn da nicht tatsächlich Gold zu finden war? Also kamen immer noch mehr.

Es war eher Silber, das geschäumt obenauf schwamm in dieser Legierung aus in Badersdorf noch nie gesehener Freizügigkeit, nie gerochenen Salzen, mit einer Note von Fussschweiss von den nassen Holzrosten und den noch nie gerochenen Kokos-Ölen der erwachsenen Frauen und besseren Töchter. Wer hörte zuvor das Klacken von Drehstangen, das Schlappen von Gummischlarpen oder von Wellen reflektiertes immerwährendes Geschrei, das das letzte war, was man, schlotternd auf dem Tuch liegend, wahrnahm, bevor man einzudösen drohte – am entferntesten Fluchtpunkt von Schule und Geschwisterzank.

Die eigenen Brüder grüsste man nicht, wenn man vorbeirannte, möglichst schnell unter den kalten Duschen durch. Die Frottée-Reviere waren abgesteckt wie die Claims der Goldsucher im vermeintlichen Dorado. Zwischengänger waren nur sitzend neben den Tüchern erlaubt, für ein paar Minuten. Jeder Eindringling, zumal aus der Stadt, wurde umgehend von Blicken vergiftet und musste sich an die vom Markt abgewandten Plätze retten.

Mit Blick aufs Bassin, lagerte auf den wichtigsten Liegeplätzen unbestritten die Noblesse von Badersdorf, sofern sie in Liegestühlen auf der Terrasse nicht noch besser beobachten konnte, was sich beim Kinderbecken tat und was sich so unbekümmert offenbarte unter der Hypnose des permanenten Geschreis, des Platschens vom Sprungturm, der Verlockung von in diesem Masse in Badersdorf noch nie gesehener nackter Haut, nachmittags um drei in der prallen Sonne. Der Sekundarlehrer liegt verdächtig nahe bei der Rindlisbacherin, die doch auch die Schulreise ihrer Zweitältesten begleitet hat. Die Zehnder hat es wohl nicht mehr nötig zu arbeiten, nachdem ihr Mann auf Fahrlehrer umgestiegen ist. Die Gipsermeister- und Drogisten-Gattinnen mit ihren nagellackroten Zehennägeln kamen schon um neun und klappten ihre Liegestühle auf, als wären sie im eigenen Garten.

So wie das Monatsblatt der Diözese auf dieses neue Gebaren reagierte, mussten die Badersdorfer allesamt schnurstracks in die Hölle fahren. Allen voran der Gemeinderat, der die katholischen Jugendschutztage aufgehoben hatte, weil sie sich nicht rechneten. Mich hätte man einmal mehr erst darauf stossen müssen, gefährdet zu sein. Aber ich war gar nicht da. Ich gehörte, wie alle Primarschüler, zu den zwanzig Prozent im Schwimmbad, die immer herumrannten. Gehen wäre ein Sakrileg gewesen gegen die grosse Uhr auf der Stange, deren Zeiger unerbittlich von Sekunde zu Sekunde sprang, nur um am obersten Punkt für einen Moment den Atem anzuhalten, um dann eine neue Runde zu beginnen, bis eine ebenfalls an der Stange angebrachte überlaute Hupe um Viertel vor sieben das Ende der Lustbarkeiten ankündigte.

Ich rannte immer, wenn ich nicht radelte, was dasselbe war. Ich rannte in die Schule, weil ich spät dran war, ich rannte nach Hause, weil die Schule aus war, ich rannte in die Milchhütte, ich rannte oder radelte zum Feuerwehrdepot, um das zugeteilte Notgeschlachtete abzuholen, ich rannte, um die neuen SJW-Heftchen auszutragen, die fünfzig Rappen kosteten und die Lesemoral im Rahmen des Zeitgeistes halten sollten.

Nur zum Schulzahnarzt, den wir Rossmetzger nannten, rannten wir nicht, auch wenn wir uns verspätet hatten. Es gab ja ein Wartezimmer, das man beim Wort nehmen durfte, und früh genug würde er uns mit dem Nachfolgemodell des Tretbohrers die Löcher noch vergrössern, die die vielen Schleckstängel verursacht haben sollten – dabei schleckten meine Brüder nicht weniger und hatten nie ein einziges Loch.

Wer im Schwimmbad nicht rannte, der hatte nichts begriffen. Auf dem Tuch lag man, die Arme angelegt, nur so lange, bis das Schlottern aufhörte, die zweithäufigste Beschäftigung von uns dünnen Primarschülern im ersten Wachstumsschub. Wir schlotterten mit blauen Lippen vor dem Kiosk, wo es, und nur hier, die sauersten Schleckmuscheln gab, die einen erst recht schlottern machten. Wir schlotterten auf dem Fünfmeterbrett in der Brise und nach den nadelharten, viel zu kalten Duschen, die man nicht umgehen konnte, es sei denn, man wäre durch die stacheligen Rabatten gehüpft, was niemand wagte. Duschen vor und erst recht nach dem Baden musste uns Badersdorfern erst beigebracht werden, der Architekt hatte es mit seiner Schleuse perfekt gelöst. Aber es war eine Lust zu schlottern, so wie es für die Erwachsenen offenbar das Ultimative bedeutete, sich mit Ölen einzureiben und stundenlang in der prallen Sonne zu braten. Das hatten wir auf den Feldern auch ohne Eintritt. Die zwei Stunden Schwimmbad nach dem Heuen am späteren Nachmittag wollte niemand an der Sonne verschlafen.

Rasen! Vorher sah ich dieses kastrierte Gras nur vereinzelt auf dem Fussballplatz, aber dort war es mehr gelb als grün und einzig noch am Rand und im Mittelfeld anzutreffen. Rasen gab es wohl bei den nicht einsehbaren Rosengärten der Villen am oberen Rebrain, aber ein solches Grün, dem freien Auslauf freigegeben, das nicht in die Fusssohlen stach, wie beim Heuen, war schon allein etwas ganz Besonderes. Am frühen Morgen und am Abend wurde er gespritzt. Der Gehilfe des Bademeisters ging mit Stock und Zange umher, um die Holzstäbchen der Vanille-Glacés und die Papierchen der Bonbons aufzuspiessen, die auf der Innenseite Weisheiten aus aller Welt aufgedruckt hatten. Die Raucher bekamen Aschenbecher auf Metallstäben, die sie neben ihre Frottees steckten und wie abwesend bedienten, während sie schwatzten. Woher hatten die Badersdorfer nur plötzlich dieses Gebaren? Es war, als seien wir Buben von heute auf morgen in die gute Stube der Erwachsenen eingelassen worden, weil es anders nicht ging, wenn ein Freibad ein freies sein sollte.

Es war auch, als täten sich die älteren Herrschaften von der Terrasse schwer, ins gleiche gemeine Bassin einzutauchen, in das der eine oder andere von uns Knaben bereits hineingepisst haben mochte im ersten Frösteln des frühen Vormittags. Aber es gab kein zweites. Mehr als einmal am Tag stieg man denn auch nicht ein. Einige beschränkten sich definitiv auf die eine Dusche nahe den Privatkabinen hinter dem Kiosk und kehrten umgehend mit einem trockenen Badekleid wieder zu den Liegestühlen zurück. Behüte, dass man mit einem Kopfsprung zu erkennen geben wollte, dass es einem gefalle in dem stets mit hüpfenden Köpfen überfüllten Bassin. Man stieg Stufe um Stufe die Eisenleiter hinab – im Glauben, das ganze Bad sehe zu, und stiess in Rückenlage von der Sprosse ab, sorgsam bedacht, keinen Spritzer aufs eingecremte Gesicht zu bekommen. Wir Buben scherten uns einen Deut um solche Befindlichkeiten und hechteten gestreckt über alles, was langsamer war. Wir sprangen in jeder erdenklichen Art vom Drei- und Fünfmeterturm und tauchten unter Wasser, bis wir bleich und blau waren. Wir waren blaue zittrige Fische, die die ewig blaue Turnhose einfach mit der Badehose vertauschten und eine Minute nach dem Durcheilen des Drehkreuzes schon ins Wasser sprangen, hinlänglich geduscht oder nicht.

Das Schwimmbad war dic erste öffentliche Bühne für etwas städtischen Stil in Badersdorf. Zu einem Tea Room reichte es nicht. Die Bar im Hotel Sternen am Bahnhof war von Vertretern belagert und roch wie eine Telefonzelle. Wo später das Café City eröffnen würde, lag die Landwirtschaftliche Genossenschaft in ihren letzten Zügen. Sie führte noch klobige Gabeln und Leitern, die Nachfolgemodelle von Grossvaters Kunst, die bald verdrängt werden würden von Aluminiumleitern aus dem *Do it* in Dotlikon, die man mit dem kleinen Finger aufstellen konnte. Die meisten Züge fuhren noch durch.

Aber jetzt gab es schliesslich einen Bademeister, ein neues Wesen in Badersdorf, der den Damen beim Aufklappen der verflixten Liegestühle gerne behilflich war. Auf seinem

Terrain war er der Meister, der Oberarzt im Reich der Gesunden, der Kapitän auf der Brücke, der nicht zu haben ist, je mehr man es versucht – nicht wiederzuerkennen an Land im beigen Jackett und mit den Fahrradklammern.

Und er hatte es im Griff, ohne dass man es merkte. Wenn er pfiff, was er sparsam tat, erstarrte das Schauspiel augenblicklich, und zehn halbnackte Sünder bereuten öffentlich, egal, wen er gerade gemeint hatte. Um die Liegeplätze scherte er sich wenig, das Ausstechen der Gänseblümchen überliess er seinem Gehilfen, am Bassin stand ein Dritter, um den Übergang vom Nichtschwimmerbecken in die Tiefsee zu beobachten, soweit das bei dem Gewimmel möglich war. Dass er mich zwischen den strampelnden Beinen der Schwimmer übersehen haben musste, dass ich damals noch im Kindergartenalter und den älteren Brüdern vom Planschbecken hinterhergetappelt war, ist ihm nicht anzulasten.

Es gab überhaupt nichts anzulasten. Schuld hatte stets das Kind, nicht der Lehrer, man sah es noch nicht umgekehrt. Ich ging also vom Nichtschwimmerbecken ganz einfach ein paar Jahre zu früh ins Schwimmerabteil die entscheidende Stufe hinab und unter Wasser weiter, so weit es mir in Erinnerung ist. Ich sehe noch heute das von Lichtschlieren durchzogene Blau des leicht getrübten Wassers. Dass Mutter von einem unguten Gefühl getrieben vom Herd weg ans Bassin kam und unmittelbar hineinsprang, um mich herauszuziehen, verweisen meine Brüder heute ins Reich der Legenden. Mag sein. Vielleicht hätte es die Erinnerung gerne so gehabt, dass sie dasteht in der nassen Werktagstracht, weil es so nicht hatte sein können. Da ist niemand, der dich zurückholt, wenn du nicht selber umkehrst. Oder sollte ich weitergehen in dieses lockende Blau? Diese Frage hatte ich mir wohl kaum gestellt. Es ging nicht weiter.

Aber es ist angenehm still da unten, die Welt ein Aquarium mit Beinflüglern über mir, was mich offenbar keineswegs erstaunte. So fern erschien mir die Welt noch lange. Abwesenheit war Gegenstand von Aufforderungen zu Elterngesprächen mit den Klassenlehrern, und meine vielen Unfälle auf dem Hof, hart am Ultimativen, sprachen deutlich von einer Koketterie mit dem Rückzug in dieses gleichgültige Reich. Man könnte auch Leichtsinn sagen, vom Vater insgeheim gemocht. Aber man hatte ihn offenbar zu ertragen, diesen permanenten Schrei über den Wassern.

Von mir selbst sollte Vater nichts davon erfahren. Er war auch nicht einer, der im nachhinein wusste, wie zu schimpfen war. Er hatte genug anderes zu tun und war nie im Badersdorfer Schwimmbad anzutreffen. Ihn zog es, wenn schon, in die Stadt zu den Strandbädern am See, wo man englische Bücher las. Dort war auch unser Pfarrer zu sehen mit seiner schwarzen Badehose. Ein Dienstkollege meines Vaters war der Pächter des dortigen Cafés, wo es ein von Wespen umschwirrtes Patisserie-Wägelchen gab, mit Cremetörtchen in gefalteten schneeweissen Papiertütchen, genannt Diplomates, die man mit einer Gabelspitze bis zum letzten Rest auskratzte. Im Badersdorfer Freibad gab es nur Nusskipfel zum Kaffee und Brotscheiben für zehn Rappen gegen den Heisshunger der Kinder nach dem vielen Schlottern; mehr war nicht zu erwarten. Besser hat Brot allerdings nie mehr geschmeckt!

Im Sommer eröffnete sich uns am Sonntagmorgen, wenn die Drehstangen vor einem halben Dutzend Wartenden freigegeben waren, ein Eldorado, das für vieles entschädigte. Davon konnte man zehren, wenn Badersdorf wieder im Nebel versank und der Gestank der Schokoladenfabrik oder der säuerlich dumpfe Blutgeruch der Fleischwaren-AG Badersdorf nicht mehr weichen wollte.

An diesen Tagen war das Dorf mit sich im reinen, und weil es zu heiss war, meinten die Erwachsenen nicht, andere Familien besuchen zu müssen, weil es wieder einmal an der Zeit war. Man konnte die Kinder ziehen lassen; bis garantiert um sieben würde Ruhe sein im Haus.

Die ganze Anlage perlte und tropfte noch vom Sprengen, vom Wasserzerstäuber auf dem Dach des Kiosks wehten feinste kühle Dunstwolken herab auf die Plattenwege, das Wasser gleisste ungetrübt in dem Becken, das einem Nierentisch nachempfunden war. Der Bademeister stand in frisch gebügeltem Weiss bei der Rabatte und liess die Schlüssel spielen. Der Boden war noch kühl, die Garderoben rochen nach Chlor statt nach dem dumpfen Mief ungelüfteter Hosen und Schuhe. Während die Glocken läuteten, liefen die Junioren auf den nahen Fussballplatz ein. Vom Wald herab tönte das Knallen der Schützen beim Obligatorischen, und drei Ballone segelten schon am Himmel gegen die Berge hin. Weitere würden vom nahen Gaswerk am Färberkanal aufsteigen: verboten schön, wie ein Sonnenuntergang auf einer Postkarte – wenn es Badersdorf je zu einer Postkarte gebracht hätte.

Und erst auf Mittag würden die Massen kommen, auch wenn sie schon unterwegs waren mit ihren Handtuchrollen unter dem Arm. Bis dahin aber würde das Bad uns gehören. Am Sonntag peitschte man nicht mit Pferdegeisseln, Via Mala fand nicht satt, wir waren lieber selbst im Bad. Wer ist zuerst im Wasser?

Bald hatte auch Dotlikon sein eigenes Bad. Später kamen die Hallenbäder und die Mehrzweckhallen hinzu. Der Curling-Klub würde Weltmeister werden. Das Geschrei war nun das ganze Jahr.

Als ich später als Student die Stadtbäder am See besuchte, war Vater schon zu krank, um sich Blicken aussetzen zu wollen. Dort begegneten wir uns nie. Er war ein gutaussehender Mann gewesen und wusste es etwas zu gut, ohne sich jedoch die Avancen beider Geschlechter allzu nahekommen zu lassen. Sich wirklich einzulassen, glaubte er, sich nicht leisten zu können, es hätte ihn angreifbar gemacht auf seinen Wegen zwischen Badersdorf und der Stadt. Als Badersdorfer Bauer wandelte er bereits auf der Grenze des Erlaubten. Es war eine andere Zeit, und mehr Ausbruch hätte Wichtigeres gefährdet.

In seinen Reitstiefeln und als Fähnrich des Männerchors war er ein Bild seiner eigenen Legende: ein grosser schlanker Mann mit dichtem gewelltem Haar. Er hätte Filmstar werden können, sagte eine Nachbarin immer, würde einem Cary Grant nicht nachstehen, und Englisch konnte er auch. Ich habe noch in Erinnerung, wie er sich auf den Plattenwegen und Holzstegen in seinem Lieblingsbad bewegte, dem grössten der Stadt: ein Einzelgänger zwischen den Rasen-Lagern, die hier noch schamloser in Erscheinung treten durften als im Schwimmbad von Badersdorf.

Ab und zu durften wir mit an die Orte, die er sonst lieber alleine genoss. Es war, als nähme er seinen Sohn mit in sein Lieblingsbordell, der meinte, es sei ein Restaurant. Um so netter sind die Kellnerinnen mit dem Kleinen, wenn der Vater kurz etwas besprechen muss im oberen Stock. Wir hatten es gut mit ihm. Aber es war seine Welt, auch mit Familie blieb er für sich. Und niemand konnte sagen, er habe Geheimnisse. Man munkelte in Badersdorf genug. Was muss der junge Rechenmacher dauernd in die Stadt, bald zweimal am Tag! Ins Wasser ging er kaum, jedenfalls nicht mit uns. Er lehnte am Geländer, ein Bein übers andere geschlagen, und schaute umher – und ich glaube nicht, dass er auf einen Zuruf vom Wasser her nickte oder den Ball ungelenk zurückwarf, der sich in der Böschung verfangen hatte, eher nicht. Ich glaube auch nicht, dass wir gerufen haben, er solle hersehen. Er tat schon seinen Teil. Väter haben ein bisschen aufzupassen dabei, wenn sie ihre Söhne über die Grenzen tappen lassen und zur gegebenen Zeit auch stossen. Gehen sollen sie allein. Gefahren werden nicht gemieden, sondern gemeistert. Die Wicken im Feld ranken sich an sich selbst zurück, wenn sie keinen Halt finden. Lass rauschen! zitierte er gerne einen befreundeten Zeichenlehrer und Künstler, den einzigen im Dorf, dessen Motive er auf dem neuen Kachelofen eigenhändig nachzeichnete. Die weiblichen Motive malte die Mutter. Monatelang roch es nach Terpentin; bis spät in die Nacht sassen sie, eine Kachel auf den Knien, in der Stube beim Zeichnen eines Bauernalltags, der bald nur noch auf Kachelöfen zu sehen sein sollte. Jedem Mitglied der Familie war eine Kachel gewidmet, mit einem vermeintlich passenden Motiv. Ich bekam zwei gekreuzte Erlenzweige mit langen Fruchtschnüren über der Jahrgangszahl.

Ein Vorfahre der Familie, welcher Adam hiess und bei der Schlacht bei Kappel, als Zwingli fiel, das protestantische Banner rettete, wurde in dem Moment festgehalten, als er dem Innerschweizer Fähnrich, der das Banner schon triumphierend schwenkte, mit seinem Zweihänder den Kopf abschlug. Somit war der Zwinglistadt eine Schlacht verlorengegangen, jedoch nicht der Krieg, was sich in den Friedensverhandlungen auszahlen sollte. Das gleiche Motiv hing unter Glas im Hausgang. Adam war Reisläufer in Marignano gewesen, wie die meisten überzähligen Bauernsöhne jener Zeit. Von Zwinglis reformierter Bibelkunde dürfte Adam wenig verstanden haben; eher von dessen erpresserischer Politik, die diesen unnötigen Krieg ausgelöst hatte und der schon durch die eidgenössische Niederlage in Marignano geschwächten Stadt noch den Rest gab.

Der armselige Bauernhof, von dem Adam stammte, lag direkt auf dem Schlachtfeld bei Kappel – wahrscheinlich hatte ihn auf dem Miststock einfach nur das alte Metier ergriffen, als er sah, wie ihm die Katholiken gerade in der Hirse herumstampften. Er hatte den Zweihänder gepackt, der im Hausgang lehnte, war losgerannt und am Abend als Nationalheld zurückgekehrt, wie es meistens ist mit den Heldentaten. Die Familie wurde mit einem Lehen reich belohnt, das noch heute den Namen unserer Familie trägt und zum Teil ein Museum ist. Seinen Zweihänder hatten wir mindestens einmal pro Jahr im Landesmuseum zu besichtigen. Das Schwert liegt in der Vitrine neben der eingeschlagenen Helmhaube des glücklosen Reformators, der von den Innerschweizern noch auf dem Schlachtfeld gevierteilt und gebraten worden sein soll.

Von all dem Glanz war nur noch wenig übrig, als sich Grossvater ein halbes Jahrtausend später mit Rechenmachen über Wasser halten musste – ausser dass man auch ohne Zweihänder weiterkämpfte bis zum Umfallen für alles und jedes, auch wenn es gerade dadurch naturgemäss nicht zu erreichen war. Das war wohl der Grund seines Jähzorns, den alle fürchteten und der seinen Nachfolger, meinen Vater, am meisten traf. Wie kann man es einem recht machen, dem von Anfang an nichts rechtzumachen ist? Insofern musste Vater genau andersherum geraten und trug doch der Tradition folgend als Ältester den gleichen Vornamen. Er hatte zwar nicht weniger zu kämpfen als andere Bauern des Mittelstandes, aber was natürliche Bedürfnisse betraf, liess er es rauschen, erst recht in und ums Wasser, das er so sehr liebte, wie es die anderen Bauern scheuten.

Um mit Adam zu sprechen: Mochte Badersdorf Badersdorf heissen: Bauern sah man nirgendwo beim Baden, auch wenn sie als Kinder wie die Fische in den Staubecken und Kanälen der Garnfabriken des Bezirks herumgeflitzt waren. Der Ernst des Bauernlebens war Element genug. Man sah keinen je in kurzen Hosen. Es herrschte noch die alte Zeit im Oberdorf. Seeleute waren stolz darauf, nicht schwimmen zu können; man rettet das Schiff, nicht sich selbst.

Vater hatte im Färberkanal Schwimmen gelernt, wie alle Badersdorfer Kinder vor der Schwimmbad-Zeit. Die Buben unterhalb, die Mädchen oberhalb der Brücke, welche Badersdorf mit der Welt verband. Gegen die Strömung unter den Pfeilern hindurch in die weibliche Abteilung hinaufzuschwimmen, war die ultimative Mutprobe.

Oft liessen wir uns auf aufgeblasenen Barchent-Kissen im Wasser treiben, das am Montag blau, am Dienstag grün und am Donnerstag rot daherkam – je nach den Aufträgen der Garnfärberei, die dem halben Dorf Arbeit gab. Das störte niemanden, und es hätte auch nichts genützt. Flüsse und Bäche gab es noch genug, in denen Forellen umherschossen. Man konnte sie fangen, wenn man vorsichtig mit der flachen Hand unter sie griff und sie dann über die Schulter ins Trockene warf. Auch Flusskrebse waren in Massen zu finden.

Der Färberkanal war eine Ableitung des Flusses, der dem Tal den Namen gibt, in dem Badersdorf und einige Gemeinden rundum in einem gleichnamigen Bezirk zusammengefasst sind. Überall in den sanften Tälern waren solche Kanäle zu sehen mit ihren langgezogenen Backsteinfabriken links und rechts eines Flüsschens und den Turbinenhäuschen mit ihren Riemengestellen. Oft übertrugen schlingernde Riemen die Wasserkraft über weite Strecken in andere Gebäude – man konnte nicht glauben, dass die lächerliche Fallhöhe von kaum drei Metern eine solche Energie entwickeln konnte und schliesslich den Reichtum der Tuchherren begründete. Man sprach vom Millionenbach.

Die Villen der Fabrikherren unmittelbar neben diesen Schleusen und Transformationsgestellen sahen aus wie kleine Schlösschen mit farbig verglasten Veranden, oft aus dem gleichen roten Backstein wie die Fabriken selbst. Es schien, als hätten sich die Tuchbarone nicht allzu weit von den Stätten ihrer Ausbeutung weggetraut, es hätte vielleicht plötzlich zu freiheitlich hergehen können. Insgesamt traurige Anlagen noch heute. Auch die Villen schattig in den viel zu kleinen Andeutungen englischer Parks, naturgemäss am tiefsten Punkt der Täler. Für den Fabrikherrn der Färberei liess der Zugführer der Bundesbahn auf offener Strecke anhalten, damit er bequem durch die Allee nach Hause gehen konnte. – Das war Grossvaters Zeit, eine Zeit der Privilegien für wenige, die wohl niemand im Ernst zurückhaben möchte. Jetzt sind in diesen Unglücksschlössern Kinderhorte eingerichtet für die albanischen Stricker, die als einzige noch die ruinöse Arbeit an den Maschinen zu machen bereit sind, wenn sie im Land bleiben wollen. Die meisten Fabriken dieser Art sind Kulturfabriken geworden, wie man sagt, die engen Flarz- und Kosthäuser der Arbeiter begehrte Liebhaberobjekte unter Heimatschutz. Früher hatte es Hunger-Aufstände gegeben, Maschinen wurden zerstört, Fabriken angezündet; die Arbeiter warfen ihre Holzschuhe in die Räderwerke und gingen als Saboteure in die Geschichte ein. Das Rot des Färberkanals gab zu Gerüchten Anlass, es sei das Blut der Stricker, die in die Maschinen gerieten – ein Motiv, das ich später als Liedermacher in einem Lied über Badersdorf aufgreifen würde.

Wir liessen uns in dem Blutrot des Wassers hinabgleiten, um kurz vor dem Sog in den unheimlichen Schlund des Turbinenhauses auszuscheren und uns an den Ästen der Trauerweiden hinaufzuhangeln. Dieser weitläufige Verbund von Kanälen, Schleusen, modrigen Känneln und

Teichen war, wie gesagt, das Badereich aller Badersdorfer Kinder gewesen. Unsere Schiffchen aus Nussblättern mit Käfern und Schnecken darauf verkehrten über Hunderte von Metern zuverlässig von einem zum anderen. In einem der Teiche gab es Aale; man konnte sehen, wie sie sich wanden, wenn man das Wasser abliess, was bald dem ganzen Teichverbund blühen sollte. Es gab sogar Schlangen, Ringelnattern und Fischottern, die ihr Köpfchen in die Luft haltend durchs Wasser fuhren – und natürlich Rossbrämen und Stechmücken jede Menge, dass man zuweilen nicht nachkam, sie totzuschlagen. Libellen standen in der Luft, ein gefundenes Fressen für die vielen wilden Katzen im Schilf, weil sie leicht zu fangen waren. Wir steckten den fetten Rossbrämen und den Maikäfern Grashalme in die Schuppen, damit sie durch das Ungleichgewicht nur noch senkrecht hochfliegen konnten. Wessen Käfer am höchsten flog, bevor er erschöpft abstürzte, hatte gewonnen. Ob Frösche, denen man eine Zigarette in den Mund steckt, sich vollsaugen, bis sie platzen, weiss ich nicht, aber wir hätten es getan, je jünger, je eher.

Keine besorgte Mutter, kein Abwart oder Bademeister kümmerte sich um das Treiben von uns Kleinkindern in diesen Arealen. Die Kanäle waren längst überflüssig geworden, seit es elektrische Transformatoren gab, und eines Tages würde hier unter dem Motto »Wir bauen ein Paradies« das grösste Shoppingcenter des Landes entstehen und sich den Namen des Flusses geben, den es in den Untergrund verdrängte. Mutter sollte im hohen Alter noch Kurse in Bauernmalerei im Kreativzentrum des ersten Stocks besuchen und begeistert nach Hause kommen; auch die praktische Busverbindung loben mit der Haltestelle gleich um die Ecke. Ich lernte dort die Techniken der Dunkelkammer und die Tücken des Verliebtseins kennen.

Und manchmal gleisst die Spiegelfassade des Centers, wenn ich heute vom Stadtberg gelegentlich auf Badersdorf hinunterschaue, so wie das Schwimmbad damals an einem frühen Sonntagmorgen im Juli gleisste, als der Bademeister die Bühne freigab und sich zu den Duschen stellte. – Auf die eine oder andere Weise wird es sich immer wieder einstellen, dieses Lustgeschrei im gleissenden Licht, ob in Badersdorf oder in der Stadt, ob in der Disco oder im Internet eingefädelt oder am Dorfbrunnen.

So wie ich die Dinge sehe, kann es gar nie aufhören.

*

Silberlöffel

An meinen siebten Geburtstag erinnere ich mich, weil Grossvater beerdigt wurde. Auf Geburtstage gab man nicht viel in Bauernfamilien, sie fielen in grösseren Sippen zu dicht aufeinander. Manchmal wurde ein Kind vergessen. Was soll denn auch an einem Datum Besonderes sein, nur weil man vor Jahren und Jahrzehnten geboren wurde! Es gab noch alte Knechte, die sich ihres Geburtstages nicht einmal sicher waren. Man hatte es eher mit dem *Hinkenden Boten* und den Namenstagen, weil diese auf dem Kalender der Landwirtschaftlichen verzeichnet waren neben dem Barometer, an das zu klopfen mein Grossvater wohl auch noch am letzten seiner Lebtage nicht lassen konnte. – Auf Gregor wird ausgesät, auf Lucia werden die Reben gebunden, und Morgenrot gibt ein nasses Abendbrot. Vor allem kamen auf Hieronymus Grossvaters Lieblingsrinder von der Sömmerung aus dem Toggenburg zurück, was er jedesmal kaum erwarten konnte. Von Geburtstagen konnte man nicht leben, vom Muttertag schon gar nicht. Statt der Frauen wurden, wie gesagt, gute Kühe gefeiert mit Salzbutter und Holunderwein, wenn sie wieder brav geworfen hatten.

Und Valentin? Wer es in der Sippe nicht findet, sucht es beim Freund. Für Herzensfreundschaften fehlten meistens Raum und Zeit. »Ich hatt' einen Kameraden« war Grossvaters Lieblingslied, da war er innig. Die Kameradschaft überstand die Schützengräben und windigen Kantonemente an der Grenze, die Freundschaft war für den Sonntag. Und war einem ein Feind im Dorf nicht näher, der einsah, dass man trotzdem zusammenspannen musste, als ein Freund, bei dem nichts weiteres auf dem Spiel stand als ein Spaziergang übers Feld oder ein Ausritt mit dem Eidgenoss? Mir ist nicht bekannt, dass Grossvater Freunde hatte – Vater schon eher, aber sie traten nicht auf, auf unserer Bühne.

Über dreizehn hörte es dann ohnehin auf mit den Geburtstagskerzchen. Man verwendete ja die alten wieder, halb abgebrannt, oder es fehlten welche. Geburtstage gehörten zu den Einfamilienhäusern, die Einladung in diese mit Ballonen behängten nordischen Wohnstuben war etwas Exotisches. Hier wohnte man nicht nach Notwendigkeit; in jedem Haus sah es anders aus, wie im Schaufenster beim Möbel-Pfister in Dotlikon. Hier hatte eine Mutter Zeit, einen ganzen Nachmittag lang mit Tellern und Geschenkchen herumzulaufen, man war namentlich eingeplant in die Spiele und durfte behalten, was man gefischt und erraten hatte. Es war überaus angenehm. Man kam heim, als hätte man selber Geburtstag gehabt.

Hingegen gab man den jahreszeitlich bedingten Festen und altersgemässen Initiationen breiten Raum. Vor allem Weihnachten und Ostern wurden in Bauernfamilien ausgiebig zelebriert. Der Boden war zu, wie man sagte, ausser Holzen und Melken gab es nicht viel zu tun am Jahresende, nach Ostern begann es erst wieder richtig mit dem Anpflanzen und Eggen. Man flickte also etwas am Gerät, werkte an einem Anbau, und die Frauen stickten schon am Nachmittag. Das Männervolch, wie die Grossmutter noch sagte, brachte Tannäste und Misteln aus dem Wald. Mit den Ästen wurden die Rabatten abgedeckt gegen den Frost und die frisch gepflanzten Bäumchen eingewickelt. Die kräftigsten Spickel der Weisstannen kamen zum Schmücken ins Haus. Vater flocht einen Adventskranz und steckte vier dicke rote Kerzen darauf, extra beim Apotheker gekauft. Am ersten Advent würde er die erste auf der mächtigen Truhe im Hausgang entzünden. Die Truhe war mit ungelenken verschlungenen

Schriftzeichen und Jahreszahlen geschmückt, und es war ihr anzusehen, dass sie einmal türkis angemalt gewesen war. Auch Grossvaters übergrosser Heuwagen war türkis angemalt. Die mobile hölzerne Dreschmaschine, ein Vorkriegspatent, das kaum in die Tenne passte, war geradezu papageienbunt. – Wie hätten die hehren deutschen Klassiker gestaunt, wenn sie ihre weissen griechischen Tempel gesehen hätten, wie sie wirklich waren: bunt gescheckt wie die Kirmes. Es ging Gott sei Dank stets bunter zu, als Jünger und Enkel es haben möchten. Und wie man auch an Mutters Sonntagstrachten sah, musste man es bunter gemocht haben, als es die Wächter des heilen Bauernstandes auch nach dem Krieg noch lange vorsahen. Die Appenzeller Trachtenmänner kamen jedenfalls mit knallgelben Hosen zum Sängerfest.

Bevor man im Bikini zu heuen anfing oder die praktischen Leggins entdeckte, die den Granen und Halmen keine Chance mehr liessen, um sich in den Unterhosen zu sammeln, ging es eher tarnfarben zu in und um die Bauernhöfe. Bauern sollten den Kopf nicht zu hoch tragen. Seit der »Landi«, der legendären Landesausstellung unmittelbar vor dem Krieg, und der folgenden sogenannten Anbauschlacht, wurde dem Bauernstand staatstragende Bedeutung untergeschoben. Aber die Scholle ist nicht bunt! Mussolinis Hemd war es auch nicht, das er im trokkengelegten Sumpf in der Po-Ebene auf der Dreschmaschine heroisch auszog. Und auch nicht die Illustrierte der Bauern, die »Das gelbe Heft« hiess, aber vielmehr braun war. Arbeiter waren suspekt mit ihren roten Abzeichen. Bauern waren denn auch nicht zu diesen Kommunisten nach Spanien hinuntergegangen – und man sah ja, wie es herauskam! Farbe blieb allgemein suspekt, bis die Beatles kamen, mit gelben Hosen. Die Italiener haben sogar an rosaroten Zeitungen ihre kindliche Freude. Kann man einem Land trauen, das rosarote Zeitungen hat, wie sie der Knecht vom Kiosk nach Hause bringt? Die sind nur zum Anzünden gut – zum Gemüseeinwickeln fürs Dorf griff man zum *Unterländer*.

Aber an Ostern, mit den ersten Blumen, explodierte die braune Nuss. Die Muscheln mit der Papierbanderole, die im Wasserglas aufgehen und eine Girlande von Blumen und Fähnchen entlassen, findet man heute nicht mehr in den Warenhäusern. Dass wir jeweils auf Ostern diese Zaubermuscheln bekamen, hatte mit einer Tante zu tun, die mit der Landwirtschaftlichen Versuchsanstalt ab und zu im Ausland war und immer wieder welche mitbrachte. Blumengirlanden stiegen an Ostern in und ums Haus auf, als wäre es eine Operettenbühne. Mit Zwiebelhäuten wurden Eier gefärbt, die jetzt ins Sägemehl purzelten wie die Mostbirnen. Die Katzen warfen vierfach, die Kaninchen im Dutzend, die Schafe zwei Lämmer. Das alles hatte sich im Dunkeln vorbereitet. Ostern und was danach kam, war nurmehr Vollzug. Das Mysterium vollzog sich tatsächlich auf Demetrius zur Lichtwende, dem dunkelsten Datum. Und an Ostern wurde es offenbar. Grossvater genügte das Offensichtliche – statt in die Kirche ging er zum Schiessstand, der auf den Lostag zum Frühlingsbeginn wieder öffnete. Ging nicht das Knallen vom Schiessstand herab und das Kirchengeläut in ein und dasselbe?

Mutter sorgte für ein Blumenmeer, das seinesgleichen nicht im Dorf hatte. Unser grosser Vorplatz zur Strasse hin war die Bühne, auf der das Ideal nach aussen und innen vorgeführt werden sollte: Osterglocken, Narzissen, mit Dänkeli gefüllte Schlitten und Fässer – jeder Stengel, der hinter dem Haus schüchtern heranwuchs, wurde brutal nach vorne drapiert. Wenn Kleider Leute machen, dann machen Blumen ein Haus. Und wer will an Ostern daran zweifeln, dass alles besser wird, wo sich doch alles entfaltet. Ostern ist der Urknall, bare Fruchtbarkeit, die jeden Zweifler ins Unrecht setzt, mit Recht der Anfang der Christenheit. Die Vorfenster wurden ausgehängt und numeriert in den Keller gestellt. Wer wollte den Schnee noch ernstnehmen, der vielleicht noch kam? Grossvater war anzumerken, was er vormals für sie bezahlt hatte. Jeder Missgriff wurde in Ermangelung seines Silberlöffels im Keller mit Kopfnüssen bestraft. Vorfenster waren der Eintritt in den Mittelstand gewesen. Die schönen Eisblumen und zugefrorenen Waschbecken, die man in den ungeheizten Kammern mit dem Ellenbogen erst aufbrechen musste, opferte man gerne. Mit den grünen Läden bekam das Haus wieder ein Gesicht. Wir hatten es geschafft! Ich darf wieder wandeln im Reich der Lebenden! Wer aber die Seelenfinsternis gescheut hatte, würde nicht die Kraft haben, den Sommer zu bestehen, wo an Schlaf kaum noch zu denken war. Es gab Bauern, die, um die Gunst der Umstände nicht zu verpassen, selbst nachts ihre Stiefel anbehielten. *Früeh uf und schpaat nider, friss gschwind und schpring wider!*

Man hat sich lange gefragt, wie Eichhörnchen im Winter noch wissen können, wo sie im Herbst ihre Nüsse versteckt haben. Bis ein Forscher, einfach genug, herausfand, dass Eichhörnchen im Winter da nach Nussverstekken suchen, wo Eichhörnchen sie anlegen würden. Wir suchten die versteckten Osterhasen und Nugat-Eier nach demselben Prinzip. Vor allem da, wo von den Schlafzimmern aus einsehbar war, wo schlechtrasierte Onkel Osterhasen verstecken würden. Aus der Haustüre endlich entlassen, rasten wir herum, wie Hasen herumrennen: ein Haken zum hohlen Baum, ein Sprung zum Blumenkübel auf dem Brunnentrog, schnell vorbei am Briefkasten – in Windeseile hatten wir die Körbe gefüllt und durften wieder hinein in die Wärme, an den dekorierten Tisch zu Zopf und Ovomaltine.

Ostern kam von alleine, ja, die Natur war den Vorbereitungen voraus. Da man an der Konfirmation gerne einmal auswärts ass – ausser zu den Hochzeitsfesten, den Leichenmalen und Klassenzusammenkünften kam es kaum vor –, musste die Konfirmation nicht besonders vorbereitet werden. Weihnachten aber musste gemacht werden gegen das abnehmende Licht. Die Natur zündet nicht von allein Kerzen an, im Gegenteil, sie will, dass wir schlafen, ob wir darauf hören wollen oder nicht.

Es fing also schon im November an mit all den Dingen, die man beiläufig beiseite tat, um sie dann zur Hand zu haben, wenn wieder eine neue Kerze auf dem Kranz mahnte, zur Besinnung zu kommen und nichts wichtiger zu finden als backen und flechten, nähen und sägeln. Es war nicht der plötzliche totale Ausfall, wie zur Fasnacht, mit allen Zweifeln daran, ob die Erinnerung ans letzte Mal wirklich den Tatsachen entsprach. Weihnachten kam langsam, aber sicher. Alle waren am Werkeln und Beiseitetun, und wollte das Fieber abklingen, dann steckte man sich im Nachbarhaus wieder an. Ein Hauch von Guetzliduft genügte, um die Bleche sofort wieder hervorzuzerren und bis in die Nacht hinein auch noch Mailänderli zu backen, sie hätten sonst gefehlt im Körbchen für den Nachbarn, der einem mit Sicherheit Mailänderli beilegen würde. Es artete denn auch jedes Jahr zu einem regelrechten Wettlauf zwischen den Bauernhäusern des Dorfes aus. Unsere Geschenke mussten gebracht sein, bevor eines von den andern kam. Und dieser Austräger war ich, der Jüngste. Mit meiner Krähe auf der Lenkstange fuhr ich hin und zurück, brachte Brunsli hin und Brunsli her, Zimmetsterne ins Unterdorf und Zimmetsterne heim ins Oberdorf, und nicht selten legte man in der Not die geschenkten Zimmetsterne der Flachsmanns dem Korb an die Greuters bei, die ihrerseits unsere jenen beilegten, bis die Bilanzen ausgeglichen waren und jeder die Guetzli vom anderen hatte – wenn nicht am Schluss sogar wieder die eigenen. Mein Protest gegen diese offensichtliche Sinnlosigkeit brachte nichts als stoisches Besserwissen seitens des Wiibervolches, wie Grossvater noch sagte. Und wenn man bedenkt, dass das gleiche übers Jahr mit den ersten Kartoffeln, den Klaräpfeln und den ersten Rauchwürsten geschah, so war ich mit meinem Raben ständig auf Achse.

Was sollte ich tun, ausser mir zu schwören, mich dereinst irgendwie an diesem berechnenden Sakrileg zu rächen? In meiner ersten WG in der Stadt konnte Weihnachten nicht zynisch genug geraten. Der Tannenbaum aus Nylon musste kopfunter an die Decke. Ein blutiger Gugelhopf mit Stacheldrahtkrone, von der Kommission in die offizielle Weihnachtsausstellung aufgenommen, und die Sexmaschine aus den raffiniertesten Dildos aus dem sündigen Amsterdam landeten in einem unbewachten Moment in der Tragtasche meiner geschockten Mutter und hernach in der Abdeckmulde in Badersdorf. – Ein mutiges und ungewollt starkes Happening im nachhinein – damals meinerseits aber der Anlass, um mit dem Elternhaus zwei Jahre lang jeglichen Kontakt zu vermeiden –, bis der Anruf kam, Vater liege im Sterben und ich solle mich beeilen.

Weihnachten mit diesem zynischen Zug war aber noch fern. Es gab kaum etwas Schöneres und sehnlicher Erwartetes durchs Jahr als das Glöckchen vom unteren Stock. Oben in den Kammern hätten wir vorschlafen sollen – der aussichtsloseste aller denkbaren Elternwünsche. Wir standen aufrecht in den Betten und lauschten auf jedes Rascheln. Der Weihnachtstag war die Heimlichkeit selbst. Vater und Mutter waren selber wie Kinder, verbunden in selten gesehener Innigkeit, auch wenn sie über einen Punkt des Ablaufs beinahe in Streit gerieten: zuerst essen und dann die Geschenke oder die Geschenke zwischen dem Voressen und den gefüllten Birnen oder lieber alles vor dem Essen, damit Ruhe war, aber dann wollten wir Kinder spielen und erst recht nicht stillsitzen, geschweige denn essen… Jedenfalls war das Christkind jedes Mal gerade aus dem geöffneten Fensterchen geflogen, bevor wir hereinstürmten und vor dem brennenden Christbaum mit leuchtenden Augen erstarrten. –

Etwas Ruhigeres und Erhabeneres als diesen Anblick des brennenden Baums in der abgedunkelten Stube gab es nicht. Es war die Offenbarung selbst. Die Eltern sitzen nebeneinander am Tisch und sehen herüber auf ihre drei Buben, für die man das doch alles tat; wie sie dastehen mit glänzenden Augen, ihre drei Buben mit den gleichen gemusterten ärmellosen Pullovern, dem Schlaf abgestrickt, hypnotisiert vor dem Wunder der Schöpfung stehend… Wir waren ganz nach ihrem Bilde. Keine meiner späteren Weihnachten war denn auch ohne Voressen, Bohnen und Baum, mochten die Christbäume aus Nylon sein und bald schon im November aus jedem Vorgarten elektrisch blinken.

Warten ist nicht mehr, nicht einmal mehr in der Schwangerschaft. Die Kinder werden schon gezählt, bevor sie da sind. Herodes tat es hinterher, wie Grossmutter mütterlicherseits vorliest und nicht zum Ende kommen will. Unsere Eltern hatten wir nie laut vorlesen hören, das war auch nicht nötig. Wenn Eltern vorlesen, folgt selten etwas Gutes. Mit Ausnahme der Gebrauchsanweisung für die Dampfmaschine, die schon am nächsten Morgen pfeifend in die Luft flog, weil ich nicht warten mochte, bis die älteren Brüder endlich aus ihren Betten kamen. Aber es ging einmal mehr glimpflich ab; übrigens auch ein Vorhangbrand, den man mit dem Tischtuch erstickte.

Um Pfingsten herum lag der Konfirmationssonntag. Mit Pfingsten konnten Bauern wenig anfangen; der freie Montag war zu dieser Jahreszeit selten ein freier und der biblische Anlass zu kompliziert, im Jahresrhythmus zu unbegründet. Das heilige Feuer kam herunter auf die Jünger, darum sind sie auf dem Kalenderblatt mit einem Flämmchen über dem Kopf dargestellt. Nun gut, waren diese Jünger nicht sowieso immer vom Palmwein berauscht gewesen in diesem fernen Jerusalem oder Ephesus, wo immer das war? Hatten sie nicht ihre Netze und Felder im Stich gelassen und waren abgehauen mit diesem abgehobenen Jesus? War das eine Art, seine Felder verganden und Frau und Kinder dem Schicksal zu überlassen? Was kann eine Botschaft wert sein, die so etwas verlangt? Die Wiedertäufer im Oberland krochen sogar auf dem Boden herum wie die Kinder, weil sie ins Himmelreich wollten, wo angeblich nur die hinkommen, die wie die Kinder sind. Dann hatte man aber eh keine Chance – denn wie die Kinder konnte man keinen Hof beisammenhalten; es endete auch arg mit diesen Verrückten, wie man weiss. Man kannte dieses Entzücken von den Sekten, die im Dotlikoner Ried unter freiem Himmel beteten, den »Stündelern«, wie man sagte, wo auch einige aus Badersdorf hingingen. Bauern aus dem Mittelstand und Grossbauern sah man weniger unter den Entzückten. Das Männervolch ging eher schütter in die Kirche, das Wiibervolch etwas fleissiger. In der Bibel las man nicht, die Sprüche kamen ja gehäuft in den Kalendern vor, man kannte sie in der Wiederholung bald besser als der Erlöser selbst. Aber dass es, wenn schon, zum Beten keine Kirche braucht, das sah man eigentlich allgemein so. Vor Grossvaters Zeit gab es bloss ein Kapellchen, nicht grösser als das Spritzenhäuschen mit seinem Türmchen, das Haus der praktischen Rettung. Es musste dem Schulhaus weichen, als Onkel Alberts Kirche kam. Grossvater blieb dann mit seinem Stumpen auch lieber vor der Kirchentür stehen, wenn wieder eine Taufe fällig war. Immerhin, man wusste noch um das Höchste, man machte noch keine Witze. Und wie ein Hund verlocht werden ohne etwas Drum und Dran wollte man halt auch nicht. Also wird man schnell hineinmüssen, wenn die Orgel einsetzt und die Kindlein brüllen. Die Schwiegertochter würde es nicht verstehen.

Wenn nicht mit der Bibel, so waren wir doch mit den immergleichen Bibelsprüchen aufgewachsen; für Bücher hatte man ansonsten keine Zeit. Unsere Eltern waren die Ausnahme. Der Vater nach dem Mittagessen auf der Ofenbank mit »The Naked and the Dead« auf der Brust, wo er nach ein paar Sätzen eingeschlafen war: ein Anblick, der nicht zu einem Badersdorfer Bauern passen wollte. Aber was die Konfirmation betraf – kein Mädchen und kein Bursche im Dorf wäre auf die Idee gekommen, sich nicht konfirmieren zu lassen, selbst wenn die Eltern Kommunisten gewesen wären, was ohnehin nicht vorkam in Badersdorf. Zwar liebte niemand wirklich den Konfirmationsunterricht abends um sechs, wohl nicht einmal der übermüdete Pfarrer, aber nicht hinzugehen, wäre ein Ausschluss gewesen, den sich keiner vorstellen konnte. Der Konfirmationsspruch aus dem Evangelium am Ende des Jahres war wie ein Fahrausweis für weiteres – an sich unverständlich und ohne Nutzen wie die meisten Diplome, aber die Gemeinde sah: Man stand bei den Berechtigten, fortan würde man zu diesen »Sie« sagen müssen. Im Schaufenster des Fotogeschäfts würden wir in Gesellschaft einer zunehmenden Zahl toter Fliegen alle noch einmal bis in den Juli hinein stehen, damit es auch die letzten begriffen. Dann wurden die Fliegen aufgewischt, und es kamen die Bilder aus den Festhütten hinter die Braunfolie.

Und zur Konfimation gab es Geschenke: den ersten Anzug, dunkelgrau bis schwarz mit einer etwas helleren Krawatte, zwei Nummern zu gross, damit man noch hineinwachsen konnte bis zu den Hochzeitsfesten der älteren Geschwister; es gab leider weitere Krawatten und jede Menge vergoldete Manschettenknöpfe in Plexiglasschachteln. Wer die Sammlung seiner die heiss ersehnten Geschenke verdrängenden Silberlöffel noch nicht vollständig hatte, bekam noch den letzten sinnlosen Rest ins blausamtene Etui – ein Brauch, der zum Glück im Sand verlaufen ist, seit die Aussicht auf eine Aussteuer niemanden mehr zum Heiraten verlockt. Schon brauchbarer waren der erste Füller und die goldene Uhr von den extra angereisten Paten. Aber das Beste waren die Couverts mit Noten von jenen, die Gott sei Dank nicht wussten, was sie schenken sollten. Das ganze Dorf meldete sich zumindest mit einem Kärtchen. Sie wurden in einem mit weisser Seide ausgeschlagenen Körbchen gesammelt und hernach gesamthaft fortgeworfen, es stand ohnehin überall das gleiche drauf. Aber ohne Gabentisch mit Chörbli beim Eingang zum Sääli des Restaurants *Löwen* durfte es nicht abgehen. Der Gabentisch war offensichtlich nicht zum Nutzen des Konfirmanden gedeckt; es ging darum, dass das Dorf sah, wie üppig bestückt er war, egal, womit.

Der Konfirmand selbst sah die erste Hälfte dieses denkwürdigen Tages, nachdem das Gruppenbild auf der Kirchentreppe im Kasten war, in einer Art Hypnose an sich vorüberziehen. Erst als ein Onkel im Befehlston das Signal zum Ausziehen der Jackette gab und sich die Männer ums gedeckte »Hufeisen« herum die Krawatte lockerten, konnte der Tag eine angenehmere Wendung nehmen. Es gab zum Braten oder zu den Fleischvögeln die noch kaum bekannten, aber heiss geliebten Pommes Frites, zündhölzchendünn und frisch im gedeckten Körbchen nachgereicht, dazu Rööslichöhl oder Krautstiel. Die Variante: Milkenpastetli nach einer Spargelcremesuppe, dazu Nüsslisalat mit Ei. Einer der Onkel tat sich stets als Weinkenner hervor, als ob er von besseren Weinen mehr gewusst hätte oder als ob anderes in Frage gekommen wäre als Hallauer oder Dôle. Ja, der Konfirmand musste jetzt auch ein Glas bekommen, ob er wollte oder nicht. Orangina war jetzt definitiv für die Kleinen. Und draussen auf der Treppe konnte es jetzt vorkommen, dass man von einem jüngeren Onkel, der auch einmal verschnaufen musste, wortlos eine Zigarette gereicht bekam. Wie gesagt, damals rauchte man noch.

Mit dem Fortgang des Nachmittags rückte der Konfirmand mehr und mehr aus dem Zentrum des Geschehens. Schon bald nach dem Fruchtsalat oder dem Cassata-Glacé merkte niemand, wie er sich davonstahl und mit den anderen Konfirmanden auf dem Trottoir seine Noten und Fünfliber zählte. Aber alles in allem – Konfirmation hatte zu sein. Man würde sich noch ein-, zweimal dieses Jahr in der Kirche sehen lassen müssen, damit dem Anschein Genüge getan war, erst beim Feldprediger wäre dann der nächste Termin für das Lied auf Seite 247: *Grosser Gott wir loben dich*, das zum Glück immer ein paar halbwegs können.

Von meiner Konfirmation ist mir die goldene Tissot geblieben, eine Uhr, die sich auf wunderbare Weise selbst aufzog, wenn man sie in Bewegung hielt. Und die Erfahrung als Religionslehrer, dass selbst Kinder aus den anarchistischsten Kreisen der Stadt konfirmiert werden wollen – auch gegen den Willen ihrer Eltern. Rituale haben offenbar zu sein. Was ich auch erfuhr: Drücken sich die Erwachsenen davor, dann finden sie einfach ohne sie statt – um ein Vielfaches gefährlicher allerdings als in einer halbwegs intakten Runde von Onkeln und Tanten. Mochten sie auch Silberlöffel geschenkt haben, die ein paar Jahre später beim Antiquar landeten, sie meinten es gut. Und mochte man sich an Weihnachten mit Zimmetsternen und Mailänderli in den Wahnsinn getrieben haben – alle gaben sie ihr Bestes, und besser wusste man es nicht.

*

Muscado

Auf einen richtigen Traktor hatte Vater, wie schon gesagt, seiner Lebtag nicht sitzen wollen. Auch ich bin nicht geeignet, diese Absenz von Tempo auszuhalten. Vater hatte den Hof gezwungenermassen übernehmen müssen und rettete sich mit »The Naked and the Dead« sowie unorthodoxen Methoden über die Notwendigkeiten des Bauernlebens hinweg, bis etwas Weite auch nach Badersdorf gekommen war. Improvisation war sein unausgesprochenes Zauberwort.

Er ging so weit, unter unserem Willys Jeep, der als Traktor dienen musste, Feuer zu entfachen, wenn der Anlasser im Winter nicht wollte. Das hatten die Dichtungsringe allerdings nicht gerne, die Wasser von Öl zu scheiden haben, weshalb unser Jeep mehrheitlich mit Mayonnaise geschmiert wurde – kein Wunder allerdings, dass er anderntags nicht anspringen wollte. Aber für einmal mehr war die Sache gerettet, Mayonnaise in Öl verwandelt, die Gülle ausgefahren. Hatte wieder ein Stein das für Ackerfurchen viel zu tief liegende Lenkgestänge ruiniert, so musste einer von uns Buben wegweisend mit der Kartoffelharke vorangehen, die mit Draht an die freiliegenden Lenkstangen fixiert war.

Unser Hof war der unterste im Oberdorf, und auf dem Weg unten hinaus auf die Felder musste keiner der echten Bauern zusehen, wie wir aufs Feld und wieder nach Hause kamen. Unten hinaus ging es auch in die Stadt. Selbstredend, dass Vater uns Buben zutraute, den Jeep zu fahren – in einem Alter, wo andere noch Trottinett fuhren. Die Handgasfunktion, ein Stöpsel am Armaturenbrett, den man herausziehen und arretieren konnte, machte es überflüssig, Beine zu haben, die bis ans Gaspedal reichten. Im ersten Gang musste auch nicht gekuppelt werden, in der Untersetzung erst recht nicht. Im Schritttempo sollte es also möglich sein, dass ein Bub mit einem Heufuder nach Hause kam, wenn der Dorfpolizist im selben Männerchor sang.

Grossvaters Leitern wurden notdürftig mit Draht geflickt, eigentlich wurde alles mit Draht geflickt. Er hätte sich im Grab umgedreht, wenn er das Durcheinander in seiner Werkstatt gesehen hätte, schon einen Monat nach seinem Tod. Mit Draht und Beisszange, die sich auch als Hammer verwenden lässt – ich ergänzte das Set später mit Zweikomponentenleim –, wurde der ganze Betrieb zusammengehalten, und er hielt auch zusammen, bis der Hof eines Tages von Profis renoviert wurde, um drei Wohneinheiten herzugeben – für jeden Sohn eine. Wir drei sollten mit Familie darin wohnen können. In meinen Teil zog die Mutter. Ich war mit Draht und Zange in die Stadt geflüchtet, bevor er fertig war.

Es gibt immer eine Lösung, selbst wenn kein Draht an Bord ist, hatte Vater mir mitgegeben. Man findet alles im Umkreis von hundert Metern, man muss nur fragen oder es sich nehmen. Üben und proben waren Fremdwörter, Gebrauchsanweisungen wurden mit der Kartonschachtel verbrannt – man durfte damals noch Feuer machen. Es war nicht Learning by doing, es war Doing by doing. Vater war beispielsweise der einzige im Männerchor, der ohne Noten auskam, was zugegebenermassen nicht allen gefiel. Als er beim grossen Festspiel die Rolle eines Zigeunerbarons spielen sollte, ohne das Libretto gelesen zu haben, hatte er den Bogen allerdings überspannt. Ich sass im Publikum und schämte mich zu Tode. Gott sei Dank war er dermassen geschminkt und mit Straussenfedern behängt, dass die wenigsten merkten, wer da frei improvisierte und die anderen aus dem Takt brachte. Denn diejenigen hinter dem Vorhang warteten vergebens auf die Stichworte, auf die sie hätten hervortreten sollen, und die auf der Bühne wussten nicht, wann abtreten. Es war ein freies Spiel, nur dem Moment verpflichtet, wie ich es erst später in der Stadt zu würdigen verstand, als ein Dichter und Theaterkobold aus Wien nichts anderes tat – um allerdings am anderen Tag in der Presse gelobt zu werden. Doing by doing – aber Badersdorf war noch nicht reif für Avantgarde – oder es hatte noch zuviel davon. Es musste erst das Fernsehen kommen.

Dass mit Draht und Federn nicht alles zu flicken war, wollte mir lange nicht auffallen. Der Tod ist keine Improvisation. Ich verpasste Vaters Abgang denn auch mit vollen Segeln. Dass man nicht redet, schon gar nicht über das Wesentliche, hat zum Schluss seinen Preis. Und man weiss dann erst recht nicht, wo anfangen. Ein Leben verlassen zu müssen, ist Herausforderung genug – wie verlässt man ein Doppelleben mit Würde? Wir spielten das Spiel bis zum bitteren Ende, wie wir es immer gespielt hatten: Ich tat locker, als ginge ich auf die Reise, nicht er. Obwohl wir uns liebten, mussten wir uns solcherweise verpassen. Er hat nicht mehr zulassen wollen, er hatte es mich nicht anders gelehrt. Ich reiste für ihn, ich liebte für ihn, nur sterben musste er allein und wusste lange nicht wie.

In jener Zeit lebte ich bereits in einer der ersten WGs der Stadt. Es war eine Art Appartement-Hotel gewesen, dem Abbruch freigegeben, mit Wohnungen, wie man sie nur in Berlin findet: Man konnte von den Zimmern mit dem Fahrrad in den Gemeinschaftsraum fahren, was wir zuweilen auch taten. Denn in der Gegend, beim Bahnhof, nahm man sein Fahrrad besser in die Wohnung mit, und in der Wohnung, in der wir lebten, nahm man es besser auch ins Schlafzimmer mit. Wir zogen ungefragt ein, und weil die letzten Bewilligungen zum Abbruch noch ausstanden – es wurden Jahre daraus –, liess es die Besitzergruppe zu, und wir bezahlten einen bescheidenen Mietpreis. Für warmes Wasser mussten wir selbst sorgen – für alles mussten wir selbst sorgen; so wie eben ein Haus mit zehn WGs von in Freiheit entlassenen Kiffern und Studenten für sich selbst sorgt. Es brannte mehrmals. Das letzte Mal, als wir erst nach Jahren merkten, dass das Cheminée mit den Ausmassen eines französischen Schlosses, in dem wir mit gestohlenen rotweissen Baulatten veritable Brände entfachten, frei in den rabenschwarzen Estrich mündete – man hatte die Kamine bereits abgebrochen, das Dach aber wieder geschlossen.

So hatte es zu sein! Wir hielten es für das echte Leben, welches in den Deutschen Seminaren nur Thema bleiben durfte, bestenfalls. Die Edelbohème der Stadt, Zahnärzte und Anwälte, buhlte denn auch um Eintrittskarten für unseren Zoo. Wir tranken Wein vom besten und billigsten, im Keller hausten Obdachlose, in den Mansarden illegale Tänzerinnen. Wir befreiten schwitzende Freier aus dem lebensgefährlichen Scherenlift, den die Wartungsfirma längst von der Liste gestrichen hatte.

Und wenn noch Gedichte entstehen sollen in dieser entstellten Zeit, dann sollen sie hier entstehen, lehrte ein Underground-Poet aus LA, der Bier predigte und längst Molke trank. Wir wollten es glauben, auch wenn sich bald herausstellte, dass Bier Gedichte keineswegs besser macht und auch nicht die Weltenlage. Aber Alkohol erleichtert den Anfang, und Anfänger waren wir allesamt.

Das einzig Handfeste, das hier entstand, war meine Tochter. Das hier war nicht mehr Badersdorf.

Ich war allmählich in die Stadt gezogen, so wie die Stadt auch in Badersdorf eingezogen war. Es war mir bereits nach ein paar Wochen Schule in der Stadt klar, dass ich da landen würde – im Zentrum des Zyklons die Ruhe vermutend, die Badersdorf verlor. Im Zentrum der Stadt war alles längst schon gelaufen, es konnte nicht mehr schlimmer kommen, und schlimm fand ich nicht, was ich vorfand, im Gegenteil.

Meine Eltern nahmen mich bereits als Primarschüler von der Badersdorfer Schule, als absehbar war, dass ich zu einem überaus unbeliebten Sekundarlehrer kommen würde, unter dem bereits mein mittlerer Bruder gelitten hatte und der angeblich Bauernkinder nicht mochte. Vielleicht befürchteten sie auch einfach, ich könnte die Sekundarprüfung in Badersdorf nicht bestehen, was durchaus hätte sein können. Ich war im ganzen ein mittelmässiger Schüler, mit dem Kopf schnell woanders, wie man sagte, im Rechnen schlecht, Dreisätze sind mir heute noch ein Rätsel. Jedenfalls begleitete mich Mutter von heute auf morgen in eine kleine, aber feine Privatschule in die Stadt – ein Privileg, ermöglicht durch die Zwangsenteignung eines grösseren Landstücks aufgrund der vernünftigsten Linienführung der kommenden Autobahn.

Ich war nun zum Pendler geworden, wie ein paar hundert andere Badersdorfer auch. Die Zugfahrt in die Stadt dauerte eine halbe Stunde. Mutter kam das erste Mal mit, um mit mir gemeinsam die Tram- und Busverbindungen vom Hauptbahnhof zur Schule beim Schauspielhaus abzufahren. Das erste, was mir in dieser Stadt überaus angenehm auffiel, waren die geheizten Tramsitze. Unter jedem dritten oder fünften hölzernen Sitz war ein kleines Heizelement angebracht. Dass Städter auf geheizten Stühlen sitzen würden, hätte ich mir im Traum nicht vorgestellt. Immerhin waren solche kleinen Wunder ein Trost für den allzu schnellen Abschied von meinen vielen Schulkameraden im Dorf. Die Stadt musste ungeahnte neue Reviere bereithalten – ich sass auf dem warmen Sitz und sah in den Stadtverkehr hinaus; über Lautsprecher wurden Haltestellen und ganze Litaneien von Umleitungen aufgrund diverser Streckenblockierungen durchgesagt, Schaufenster ohne Ende zogen vorbei. Ich war gerade zwölf geworden und zwischen Skepsis und Erwartung hin- und hergerissen.

Wir waren mit Vater ab und zu ins Zentrum der Stadt gefahren. Mindestens einmal im Jahr, wenn ein Besuch des Nationalzirkus auf der grossen Wiese am See angesagt war. Allerdings kam es Vater, so wie er veranlagt war, nie in den Sinn, Billette vorzubestellen. Seine Entscheidungen fielen selbstredend im allerletzten Moment; man würde schon irgendwie hineinkommen. So kam es, dass wir mehrere Jahre hintereinander zum Trost in der Tierschau landeten und den Zirkus nur von hinten zu sehen bekamen, wo die Kamele aufgebürstet wurden und die Artisten, noch von Applaus umrauscht, herausgerannt kamen, um sich gleich eine Zigarette anzuzünden. Hielt der Applaus an, dann legten sie sie auf ein Gerüstbrett und sprangen noch einmal hinein.

Wer aber in der Tierschau landete, gehörte zu den Verlierern. Man mochte uns noch so sehr auf die schönen Zebras hinweisen und auf den Umstand, dass man die Tiere in der Arena nie so nahe zu Gesicht bekam – die da drinnen gehörten dazu, während wir uns mit jedem neuen Tusch – man hörte das noch meilenweit – die Höhepunkte ausmalen durften. Magenbrot und gebrannte Mandeln gab es auch an der Badersdorfer Chilbi. Und ein Kamel führten sie auch am Sechseläuten-Umzug mit. Einmal durfte ich ihm immerhin an Vaters Hand ein Büschel frisches Laub geben.

Aber Vater blieb unverbesserlich. Abmachungen waren ihm ein Graus. Bei Vater wusste man nie, woran man war. Und es war noch nicht Abend. Er würde schon nicht verpassen, was uns die Umstände zutrugen: eine Fahrt mit dem Raddampfer, der gerade anlegte, und die Besichtigung des Maschinenraums, den er, uns Kinder vorschiebend, einfach betrat. Er würde es schaffen, dass wir die Kapitänsmütze auf der Brücke aufsetzen oder das Seil um die Pfosten werfen durften. Es war ein dauerndes Oh je! und Oh ja! in seiner Nähe.

Ein sicheres Oh ja! erklang beim Besuch des »Tanzfraueli«, wie ich es nannte und wie Vater es übernahm. Zum Tanzfraueli wenigstens! Es handelte sich um einen mechanischen Schaukasten, einen Musikautomaten, der in der von grellen Schreien erfüllten Halle einer düsteren Vogelvoliere am See stand. Es stank bestialisch nach gelbem Vogeldreck auf verdorrten Palmwedeln und den mit Fliegen bedeckten, angesäuerten Milchbrocken in den Futterschalen der Exoten. Schlangen wanden sich stundenlang vergeblich an den angelaufenen Glasscheiben hinauf, auf gewellten Kartons waren die lateinischen Namen geschrieben, die die Erwachsenen so gerne zitierten, wohl um damit zu zeigen, dass der Moment ein seltener zu sein hatte und das Eintrittsgeld rechtfertigte. Eine handzahme Corvus corone cornix, die gemeine Nebelkrähe, hatte ich aber auch zu Hause. Ich hatte sie auf meiner Lenkstange mit einem Glasröhrchen aufgefüttert, auf welcher sie fortan meine Fahrten durchs Dorf begleitete – es gab ein Foto davon, das leider verschollen ist. Und Schlangen hielten wir auch zuweilen in einer Blechwanne in der Mostpresse. Blindschleichen legten wir den Praktikantinnen ins Bett. Der lateinischen Tierwelt halber hätten wir also nicht herkommen müssen.

Aber einen mechanischen Puppenkasten gab es nicht in Badersdorf. Nach dem Einwurf eines Zwanzigrappenstücks fing die Püppchenwelt sich zuckelnd zu drehen und beugen an. Es gab eine Tanzbühne, auf der sich sechs Tänzerinnen um eine Primaballerina im Kreis drehten, wobei sich die Bühne selbst auch drehte. Dazu klimperte und rappelte der Kasten gewaltig. Es war das mechanische Weltbild einer vergangenen Zeit, als die Frauen noch Damen waren und die Männer Herren. Es war der Schauder vor der zum ersten Mal begriffenen Vergänglichkeit in einer exotischen Tauchglocke mitten im grellen Stadtgetriebe. Sie taten mir leid, diese verstaubten Tanzröckchen, von urzeitlichen schreienden Monstern bedrängt. Dürften sie doch leben, länger als drei Minuten! Aber das Rappeln kam abrupt zum Ende, die Röckchen zuckten noch nach, dann war alles eingefroren, wie bei Schneewittchen auf dem Schloss. Kein Prinz würde sie wachküssen können. Das hier war das Ende, man konnte es nur noch etwas hinauszögern. Noch einmal zwanzig Rappen, Vater!

Er stand abwesend an der Glastür mit Blick auf den Park, als suche er etwas, und reichte wortlos Münze um Münze nach hinten, bis es von alleine genug war.

Der Badersdorfer Schaukasten aber, der zum selben Thema ein reales Bauerndorf vorführte, kam an sein Ende mit dem ersten Antiquitätenhändler, der auf einem Hof auftauchte und sich nach dem Bauernschrank erkundigte, der da unter dem Vordach stehe. Vater, der in der Stadt verkehrte und die Schaufenster der Altstadt wohl kannte, wo gestandene Badersdorfer einander nicht begegnen mochten, er begriff sofort den steigenden Wert unserer Truhen und Geschirre, während andere Bauern die besten Stücke auseinanderschlugen, um Platz zu schaffen für die neue Küche mit dem elektrischen Dampfabzug. Bauernküchen, früher oft der einzige warme Ort im Haus, gehörten bald zum Ungemütlichsten auf den Höfen. Sie waren viel zu gross für die platzsparenden Ideen der Küchenzeichner. Und weil man in Stiefeln und mit Kesseln hantierte, hatte alles abspülbar zu sein. Es war so gemütlich wie in der Milchsammelstelle im Unterdorf; neben dem elektrischen Herd stand die summende Tiefkühltruhe, auf der ein Berg schmutziger Wäsche lag, die in die neue Waschmaschine daneben kommen würde. Und wenn es damit nicht aufhörte, setzte sich der praktische Stil gleich in der Stube fort. Schliesslich war in dieser Hinsicht mit Recht immer das Neue vor dem Alten gekommen, was sollte man diesen schweren wurmstichigen Truhen nachtrauern, den schweren Holzbränn-ten und Gantern, die doppelte Arbeit machten. Oder man verkaufte gleich alles dem Architekten. Weshalb die nur ihren Narren gefressen hatten an den zugigen Bauernhäusern, wo doch in einem Einfamilienhaus alles so praktisch beisammen ist – und erst noch zentral geheizt. Sie hatten nicht unrecht, man kann wohl nichts retten, der Tod beginnt mit der Legende.

In Afrika, sagte Vater, ist immer Sonne, darum brennt die Lampe im Vogelgehege. Über den Wolken sei immer Sonntag, sagte er auch, und einmal würden wir einen Alpenrundflug machen, statt in den Zirkus zu gehen, dann könnte ich es sehen. Dazwischen liege nur etwas Wasserdampf. Wolken und Nebel seien dasselbe, nur weiter oben. Was über der Sonne sei, wusste er damals noch nicht – wohl eine noch hellere und so weiter. Uns genügte die eine, um ein Eis zu schlecken und den Zirkus mit seinen Tuschs vollends zu vergessen.

Bald Mittelschüler geworden, beschränkte sich Badersdorf für mich auf den militärischen Vorunterricht, der in den Turnverein mündete und hinterher ins Café City, wo man nach dem Duschen immerhin schon zwischen Bananensplit und Coupe Dänemark wählen konnte. Mit den neugewonnenen Schulfreunden in der Stadt, die auch zum Hauptbahnhof mussten, sass ich nun manchmal in der spanischen Bodega bei einem Zweier Muscado. Sie lag mitten im Niederdorf, wie es hiess, das Künstlerviertel oder auch Vergnügungsviertel, das damals noch als verrucht geltende Kernstück der Stadt. Ich kam also vom Oberdorf ins Niederdorf, so genannt seit der Zeit, als die Stadt selber noch ein Dorf war, von grünen Wiesen umgeben.

Es war die erste Berührung mit der Bohème. Das öffnete mir die Augen für ein paar »Figuren«, die schon immer, auch in Badersdorf, etwas Kultur zu etablieren versucht hatten. Da war, wie schon erwähnt, Vaters Freund und Vorbild, der Zeichner mit seinen frappant lebensechten Tierbildern, der Vater bei der Darstellung des Adam geholfen hatte – ein Genie auf dem Gebiet des wissenschaftlichen Zeichnens, wie ich erst später erfuhr. Sein Zebra habe über die Landesgrenzen hinaus für Aufruhr gesorgt, weil soviel Lebendigkeit noch nicht wissenschaftlich sein durfte, jede Unschärfe verpönt war.

Es gab die Narsinsky mit ihren verschwommenen Fotos im umgebauten Dörrhäuschen. Und es gab den Dorfbildhauer in der alten Zehnten-Scheune, von seinen Grabsteinen umstellt. Nach zwanzig Jahren kamen die Steine wieder in sein Atelier zurück, wo er sie abspitzte, mit einem neuen Motiv versah und ein zweites Mal verkaufte. Grossvater bekam gekreuzte Rechen über einem Hobel. Die freieren Werke des Dorfbildhauers standen selbstredend vor der neuen Bankfiliale, dem neuen Einkaufszentrum oder dem neuen Sekundarschulhaus. Und da sich Badersdorf ausdehnte wie ein Soufflé, hatte er nicht zu klagen, obwohl er es tat. Er trug Holzpantinen zu seinem roten Béret und fuhr mit der Lambretta zum *Rebstock* hinüber.

Einmal traf ich ihn auch in der spanischen Bodega der grossen Stadt. Er, Schulfreund meines Vaters, Vater meines Schulfreunds, sass mir nun kettenrauchend gegenüber und redete über Dinge, deren Tragweite zu begreifen mir noch kein Erwachsener zugetraut hatte. Er war kein Vater und kein Lehrer und konnte auch kein Freund sein. Er war einer aus Badersdorf, der von Kunst wusste, dem Akt, den Konkreten, die in dieser Stadt gerade das Sagen hatten und seiner Kunst den Segen verweigerten, weil sie zu nah am Bildlichen sei. Als ob Bild das Abgebildete meine! Und wie heimlich die täten, Kunst sei doch keine Geheimwissenschaft! Die besten Köche hätten keine Angst, sich in die Töpfe gucken zu lassen, ja, gäben ihre Rezepte absichtlich preis, sich ihrer Unanfechtbarkeit sicher. Und dieser Palmenmaler, dieser Phantast, der sich zu Tode saufe, sei doch naiv, und Collagen mit etwas Dreingetupftem im Suff seien keine Kunst; man warte doch nur, bis der unter dem Boden liege, aber das sei kein Argument, erst am Stein komme man auf die Welt! Und Dada könne nur scheiternd überleben – schon der Kredit der Stadt für eine Tafel am legendären Haus sei eine Giftspritze. Er wüsste das Motiv: nichts! Ich war beeindruckt und fragte mich, was wohl sein in der Schule immer stiller Sohn gewusst haben musste, ohne etwas zu sagen.

In der Bodega hingen Plakate aus Barcelona und der letzten Jahrgänge des Künstlermaskenballs, der einen internationalen Ruf hatte. Ob ich den *Steppenwolf* kenne, wollte der Dorfbildhauer wissen. Hier sah man tatsächlich Leute in Büchern lesen, die Zigarette im Aschenbecher festhaltend. In einer Badersdorfer Wirtschaft wäre das einem Sakrileg gleichgekommen. Man las allenfalls in Zeitungen, aber es galt: Man hatte sie schon gelesen, bevor man an die Tische kam, das war so klar wie die Jassregeln an der Wand. – Ja, Badersdorf! Mit meinem Vater habe er einiges hinter sich gebracht! Gelinde gesagt! In der Silvesternacht den Heuwagen des Meierhofers auseinandergenommen und auf dem Dach wieder zusammengesetzt. Und gleich mit dem Ross in die Wirtschaft geritten, dein Vater, der Bächi und wie hiess er noch. Ob Vater noch zeichne. Aber keiner komme um seinen Stein herum. Und ob Vater noch im *Tropicana* drüben verkehre…

Den Muscado bezahlte ich selbst.

*

Jos

Fortan hatte Tod den Geschmack des gebohnerten ungeheizten Singsaals, in dem wir das Abschiedslied proben sollten, und die schleppende Schwere jener Strophen. Grossvaters Tod war absehbar gewesen – und das Kind geschützt in seinem Denken. Das Verschwinden von liebgewonnen Katzen und Kälbern hatte etwas Alltägliches. In die Körbchen und an die Ketten drängten mit Sicherheit neue Tiere nach. Nach Jos aber kam kein zweiter.

Mutter sah es nicht gerne, dass ich anfing, bei der Narsinsky zu verkehren. Diese Frau ihres Alters mit auffallend hellblondem Haar, das sie in einem wilden Schopf hochsteckte, hatte im ehemaligen Dörrhäuschen, wo sie auch wohnte, ihr Fotoatelier eingerichtet und fuhr einen Deux Chevaux. Ihre Fotos waren von anderer Art, als sie der Dorffotograf hinter die braune Folie ins Schaufenster stellte. Sie war die Mutter meines Schulkameraden gewesen, der auf der Landstrasse bei der neuen Unterführung mit seinem Fahrrad unter einen Lastwagen geriet. Damals hatte sie ihre Haare noch in dicken Zöpfen hochgesteckt, wenn sie Jos jeweils vor dem Schulhaus abholte – das einzige Kind, das abgeholt wurde.

Unters Auto kommen, wie man sagte, war ein nicht seltenes Kinderschicksal, mir selbst mehrere Male nur knapp erspart. Verkehr musste, wie gesagt, erst erlernt werden.

Jos' Grossvater war nach Grossvater der zweite Tote, den ich sah, aufgebahrt im Steinhäuschen des Friedhofs, das Gesicht eng mit Blumen umkränzt. Auf der Stirn war eine Narbe zu sehen. Es war, als sei er aus Wachs. Wir sangen »Im schönsten Wiesengrunde«, ein Lied, das neben dem am meisten gewünschten »Letzten Postillion vom Gotthard« und »Die alten Strassen noch« mindestens einmal wöchentlich auch am Radio gewünscht wurde, weil wieder jemand neunzig geworden war. Es gab also wenig zu üben im Singsaal, wir konnten es schon. Aber nie war die ungeliebte Singstunde in dem kalten Raum so schnell vergangen.

Ein paarmal war ich bei Jos zu Hause gewesen, als er wieder krank war und ich vom Lehrer jeweils den Auftrag bekommen hatte, mit meinem »Krähenexpress« Hausaufgaben vorbeizubringen. Er lebte allein mit seiner Mutter, sie erwähnte seinen Vater nur mit dem Nachnamen. Sie war eine Polin oder so, sprach perfekt Hochdeutsch und vermischt Dialekt, wenn sie sich mit Jos unterhielt, der wiederum mit ihr nur ausländisch sprach. Ihre Wohnung war vollgestellt wie eine Puppenstube, es war, als belegte Jos das ganze Haus.

Er war der Beste der Klasse, ohne sich im geringsten anzustrengen, trotz seiner vielen Absenzen. Er war immer so bleich gewesen, wie wir ihn jetzt sahen, irgendwie durchsichtig, mit einem blauen Äderchen auf der Stirn und einem Mittelscheitel, wie keiner von uns Badersdorfer Buben einen hatte. Vom Kiosk brachte er der Mutter jeweils Zigaretten mit: Camel ohne Filter, sagte er zu Frau Pellegrini. Dazu durfte er sich ein Heftchen kaufen – weiss Gott, für dieses Geld hätte ich Besseres gewusst! Aber er hatte ganze Beigen von diesen zweispaltigen Heftchen mit dem Cowboy darauf. Er konnte in einer Geschwindigkeit lesen, die mir noch heute ein Rätsel ist. Und das Kamel auf dem Päckchen sei ein Dromedar und kein Kamel, belehrte er mich; aber er hatte übersehen, dass der Lastwagen auch noch einen Anhänger hatte und wurde bei einem Schwenker von diesem erfasst. Noch lange brachte seine Mutter Blumen hinaus zur Unterführung. Dann hörte ich nichts mehr von ihr, bis sie nach ein paar Jahren das Spritzenhäuschen am Entenweiher eröffnete und ich, mittlerweile Handelsschüler geworden, unter den Klangstäben hindurch in das Lädelchen trat.

Sie führte auch einige Geschenkartikel, wie sie wohl in ihrer Heimat geläufig waren: Puppen, Zwiebeltöpfe zum Aufhängen, Kerzenständer mit aufgelöteten molligen Mägden, welche Gänse hüteten. Sie rauchte jetzt Gauloises bleus und musste weinen, wenn sie von Jos sprach, um gleich wieder zu lachen, wenn sie ein Dorfgeschehen kommentierte, das nur bei euch, wie sie sagte, so geschehen konnte. Ich hörte es nicht gerne, wenn sie Badersdorf nicht mochte, musste aber doch immer noch eine Stunde bleiben, aufgefordert oder nicht.

In dem Hexenhäuschen wohnte zeitweise auch ein junger Mann, nicht älter als mein ältester Bruder, mit einer blauen Lederjacke; er war bleich, wie Jos. Er müsse Medikamente nehmen, sagte sie. Andere sagten, es sei ihr Freund, was ich mir nicht vorstellen konnte. Sie habe ihn adoptiert, sagte sie ungefragt, und beide lachten. Meine Bravheit in solchen Dingen musste oft amüsiert haben, auch die Art, wie ich ihre angebotenen Zigaretten paffte. Auf den Portraits, die sie nicht genug von mir anfertigen konnte, bin ich mit weissem Rollkragenleibchen abgebildet, wie sie damals Mode waren. Auch Vater, der Krawatten hasste, trug welche zum Jackett, wenn er abends in die Stadt fuhr. In dem gross aufgezogenen Bild schaute ich von ihrem Schaufenster auf Badersdorf herab, wie Freddy Quinn aufs Meer.

Ja, sie hat viel durchmachen müssen, sagte Mutter, sein Kind verlieren ist das Schlimmste. Mein Zwiebeltopf auf Weihnachten verschwand umgehend im Kastenfuss.

*

Der Coiffeur

Für uns Kinder warf er mit Schwung einen Extrasitz auf den gepolsterten Stuhl, damit wir auf Spiegelhöhe kamen, der Coiffeur Pölsterli. So hiess er tatsächlich. Da sassen wir kerzengerade, die viel zu grosse Serviette um den Hals, stumm wie das Lamm vor dem Scherer. Im Spiegel sah man die Wartenden hinten an der Wand, die Bauern in Stiefeln – wenn sie denn warteten. Denn beim Herrencoiffeur ist man aus vielerlei Gründen. Man könnte sich ja selbst rasieren zu Hause.

Was ist nur das Besondere daran, wenn das Haar über die Schultern purzelt und sich am Boden sammelt wie das Laub im Herbst? Was entrückt mir den Vater, wenn er sich nach dem Melken breitbeinig vor dem kleinen Spiegel im Badezimmer rasiert, mit hängenden Hosenträgern wie Ueli der Knecht? Jedenfalls verlässt man den Stuhl des Barbiers als besserer Mensch und ohne aufgetragene Vaterunsers, es wäre sonst keiner in den winzigen Laden gekommen, der vielmehr ein Hausgang war. Der Coiffeur-Laden war jedenfalls ein magischer Ort, der Kiesplatz davor selten leer.

Der bleiche Pölsterli wäre weiss Gott kein schlechter Priester geworden, ein guter Prediger allemal. Oder fehlten sie im Pfarrgewerbe, Pölsterlis diskrete Schubladen gleich unter der Kasse, aus denen er, schneller als das Licht, das eine oder andere dem Herausgeld zumischte, sich schon dem nächsten zuwendend? – Beim Pfarrer war man froh, wenn er wieder ging, endlich aufstand in der besseren Stube, der kalten, wenn er einmal pro Jahr seine Hausbesuche machte, wohl oder übel. Grossvater war dann nie zu Hause. Vater musste jedes zweite Mal dabeisitzen. Die Mutter und die Grossmutter waren geehrt.

Grossmutter trug ihr gehäkeltes Tuch über den Schultern; früher trug sie die Sonntagstracht, aber damals war sie schon zu müde fürs Umziehen, und die Tracht passte wohl auch nicht mehr. Mutter machte ihr die Haare, wie man sagte, bis zu ihrem Tod. Aufgetrennt reichten sie über die ganze Stuhllehne hinab. Es war, als sässe da eine fremde Frau, als ich einmal ins Zimmer platzte, während die Haare offen waren: eine Hexe mit weissen Haaren, im Begriff, sich in ein Mädchen zu verwandeln. Ich wurde verscheucht wie eine Katze.

In Pölsterlis Stühlen beichteten selbst Protestanten. Nie ging der Stoff aus, und wer wollte, konnte vom *Rebstock* sein Bier herüberkommen lassen. Wir Buben rannten gerne für einen Batzen oder einen Schluck mit verkniffenen Augen unter Männern. Niemand wartete lieber vor der Tür, bis die anderen herauskamen – wie Grossvater vor der Kirche. Man wartete lieber drinnen, auch wenn man schon frisch rasiert war und Stühle fehlten. Und der Pölsterli wusste alles – was man vom Pfarrer nicht behaupten konnte. Der konnte nicht einmal die Micky-Mouse-Figuren auseinanderhalten in der Sonntagsschule, als Frau Klauser einmal krank war. Auch die älteren Brüder rümpften die Nase, wenn sie zum Jugendfest ins Kirchgemeindehaus sollten, ausgerechnet an einem Samstag um drei. Seid froh, sagte die Mutter, unser Pfarrer hat uns noch an den Ohren gezogen.

Der Pölsterli konnte froh sein, wenn er niemandem in die Ohren schnitt – so wie er aus dem Mund roch, wie ein Zapfhahn. Aber er tat es nie, das war verbürgt. Sein Rausch war stetig, aber milde, und die Routine fest. Was kann schon anderes herauskommen im Suff als das, was sowieso drin ist. Er schwatzte unablässig, auch mit uns stummen Kindern – und auch wenn wir im *Fix und Foxi* blätterten, dem einzigen und immergleichen Heft – voller fremder Haare zwischen den Seiten.

Auch wenn man sich einen untypischen Coiffeur vorstellen könnte – und die gibt es tatsächlich, im Verhältnis eins zu zehn –, so verlangte die Bewältigung des Alltags in Badersdorf doch nach festen Mustern: Wäre der Coiffeur anders gewesen, dann wäre man halt beim Schuster gesessen. Aber dahin musste man nur ab und zu, die Trigunninägel konnte auch Grossvater einschlagen. Und wenn jemand hinmusste, dann einmal mehr die Krähe und ich mit einem Sack voll stinkender Schuhe, der Matioli wisse schon, wo flicken. Zu sagen gab es da also nichts, und gemütlich war es auch nicht in dem überheizten vergilbten Laden. Wie sollte einer auch gesprächig und freundlich sein, der nach dreissig Jahren noch immer kein verständliches Deutsch sprach – wie alle, die nicht dort sein wollen, wo sie sind. Und was Wunder auch, wenn man dem täglich die stinkenden Schuhe des Dorfes vor die Nase wirft.

Beim Velohändler Grogg hingegen hockten sie. Zwar hatte jeder dieser »Velöler« schon mindestens einen Klasse-Renner im Hausgang stehen, es gab also keinen ersichtlichen Grund, jeden Abend nach sechs Uhr beim Grogg zu hocken – wie sie um diese Zeit wohl noch immer landesweit bei ihrem Velohändler hocken, die Angefressenen. Aber hocken ist nicht sitzen. Niemand sagte: Er hockt wieder beim Pölsterli. Hocken ist sitzen ohne Grund, nicht einmal fürs Haareschneiden. Ohne anderen Grund jedenfalls, als dass man dort gerne ist mit den anderen Höcklern. Und hocken ist nicht hocken, solange nicht andere meinen, man müsse eigentlich woanders sein.

Frauen hocken nie, sie stehen. Dass ihre struppigen Männer beim Pölsterli sassen oder standen, konnte ihnen nur recht sein. Den Männern war es immer recht, den Traktor mit Wagen für eine Stunde auf den Kiesplatz vor den Laden zu stellen und abzusteigen für ein Bier, für das man nicht schon wieder im *Rebstock* gesessen hatte am heiter hellen Nachmittag auf die Gefahr hin, eines Tages zu den Süffeln zu zählen. Des Kaminfegers Töff mit Seitenwagen, in dem seine Russgeräte verstaut lagen, stand praktisch dauerparkiert vor Pölsterlis Stehbar. Im *Rebstock* musste er ebenfalls am Tisch stehen, um nicht die Stühle zu verrussen, oder er musste sich – als habe er Aussatz – ohne anzulehnen auf eine Zeitung setzen. Da konnte er gleich beim Pölsterli stehen. Pölsterli war Asyl. Wir Kinder hätten auf ihn verzichten können. Auch Vater sah man dort nie. Sein Asyl war die Stadt.

Radfahren war auch beim Pölsterli ein grosses Thema. Es gab damals zwei Rad-Giganten: den Kübler und den Koblet. Vom Kübler hiess es, er habe die Kurven nehmen gelernt, als ihm sein Trainer auf dem Gotthard die Bremsklötze seines Rades entfernt und gesagt habe, er solle nun nach Airolo hinunterfahren. Ich mochte das nicht glauben, als ich die Tremola zum ersten Mal sah. Aber dass er die Pässe nahm, als sei es ein Sonntagsausflug, stimmt schon. Vielleicht, weil er ein Rialto-Rad fuhr, das am Badersdorfer Bahndamm klein, aber fein hergestellt wurde und Badersdorf unter Kennern zu einem kleinen Rad-Mekka machte.

Kübler hatte eine enorme Nase – die für eine Million versichert sei, wusste Pölsterli. Ich sah sie tatsächlich einmal, seine Nase, weil er das gelbe Trikot anhatte in dem summenden Rudel der Tour de Suisse. Der Kübler hatte die Nase im Wind, auch nach der Tramperei; man sah ihn immer wieder im Fernsehen und sieht ihn auch heute noch. Der Koblet endete mit seinem weissen Alfa schliesslich an einem Baum – nach freier Fahrt über die grüne Wiese wohlverstanden. Pölsterli reichte kopfschüttelnd die Zeitung mit dem Keystone-Bild herum. Die Frauenwelt traure, hiess es auch in den zerfledderten Illustrierten.

Koblet war der Begnadete gewesen, Kübler der Kämpfer. Onkel Oskar, Zöllner am Rhein unten, kannte ihn persönlich, den Kübler. Der Oskar betätigte sich nebenher als Steher am Sechstagerennen und war auf einem Foto abgebildet, das er stets bei sich trug: lachend in seiner enormen Lederkappe, wie eine Fledermaus mit den Lauscherohren neben Kübler: *Für Oskar, mein bestes Zugpferd, in Dankbarkeit dein Ferdi.* – Die Steher waren Ritter der Rennbahn, namenlose Idealisten, die in ihrem Lederzeug und bei ohrenbetäubendem Knattern stoisch über ihren Maschinen standen, unerbittlich von hinten überholten, damit die Mimosen in ihren Tänzertrikots sanft in ihren Windschatten fahren konnten.

Steher und das kuriose Gehen als Sportart sind verschwunden wie der einbeinige Kunstpfeifer an den Sechstagerennen, auf seine Krücken gestützt. Wenn es sie noch gibt, dann, weil es sie einmal gab. Sie leben nur noch weiter im Kopf und in der Nase derer, die dabei waren. Sind sie aber auch einmal aus den Nasen und Köpfen verschwunden, dann sind sie endgültig gestorben. Man kann nur unzureichend beschreiben, wie das Hallenstadion ab dem dritten Tag eines Sechstagerennens roch. Selbst wenn ein Parfumier es wollte und könnte – keiner käme mehr an die Ingredienzien heran: an die steinharten Kernseifen, die geheimen Massageöle, die Lederfette, die spanischen Parfums der Dirnen, die verbrannten Spezialbratwürste aus dem St. Gallischen, die Zuckerwatten, die Pissoirkugeln aus Marokko und den Schweiss, vor allem den Schweiss: der Zuhälter, der Bankiers alten Stils, der Ausläufer, der Wirte, der Kunstmaler, der Magenbrot- und Programmverkäufer – wie soll man es erzählen können, was einem entgegenschlug im Tunnel, der Arena zu, wo es stattfand. Was ging da eigentlich vor in diesem pausenlosen Durcheinander der Lautsprecheransagen, des Podestebesteigens, des summenden Rundums, das stundenlang niemanden zu interessieren schien, wo dann aber urplötzlich die Hölle ausbrach? Man hätte nicht gewusst, warum, wenn es nicht die Experten gegeben hätte, an deren Hand man eingeführt wurde in den Kreis der Wissenden und von da an angesteckt war wie von der Fasnacht. Es war eine Arena, wo das Bier schon immer besser geschmeckt hatte, wenn andere litten. Und war es auch nur, um einen Ort zu haben, um weiterzusaufen, wenn Zwingli noch immer wollte, dass in der Stadt um zwölf Uhr die Lokale schlossen; in Winterthur, der Arbeiterstadt, sogar schon um elf. – Das Sechstagerennen ist tot, es braucht einfach keines mehr.

Ans Sechstagerennen ging man – die Tour dagegen kam; sie gehörten zusammen wie Tag und Nacht. Beim Pölsterli lief während dieser Sommerwoche quer durch das Land ununterbrochen das Radio; und wenigstens bei den Spurts, wenn sich die Stimme des Kommentators überschlug und Badersdorf genannt wurde, war Pölsterli für einmal ausnahmsweise still. Nachher wussten es wieder alle besser.

Die Tour musste am letzten Tag in Badersdorf vorbei, bei der entscheidenden Anfahrt in die offene Rennbahn neben dem Hallenstadion, schlicht Halle genannt. Dann stand der Pölsterli mit seinen Kunden für zehn Minuten an der Dorfstrasse, die weisse Schürze in den Bändel gekrempelt, bis der Tross vorbei war sowie die Lautsprecherwagen, die das eigentlich Spektakuläre waren. Von den Fahrern hörte man nur ein Surren, und schon war der Schemen vorbei, von ein paar Nachzüglern abgesehen. Es war ja nicht einmal so, dass der Vorderste gewann, dem wir Kinder zujubelten. Wie Pölsterli wusste, fehlten dem etliche Punkte. Er kannte die Punkte aller Fahrer, und natürlich gewann wieder einmal einer der Unseren oder der Coppi, was die Italiener freute. – Der Grogg, unser Velomechaniker, stand nie an der Strasse.

Miefte es beim Schuhmacher Matioli nach dem ganzen Dorf, abgesehen vom Schusterleim – und ohne dieses Narkotikum würde wohl niemand diese Arbeit getan haben –, so roch es beim Grogg und beim Pölsterli verdächtig gleich. Waren es beim Pölsterli das Kölnisch Wasser und dieser billige Puder aus dem Kilosack, mit dem er die Bauern umnebelte, so war es beim Grogg der weiss gepuderte rosa Gummi der Schläuche, die wie Schinken von der Decke hingen. Denn solange Matiolis Schuhe Trigunninägel verloren, konnte Grogg Schläuche verkaufen sowie Flickzeug für die Amateure und uns Buben. Man konnte nicht genug davon bekommen, von diesem süssen, alles neu versprechenden Duft, kaum dass man bei dem Velomechaniker eingetreten war. Es war auch noch eine Note des schwarzen Altöls dabei, von dem der rohe Holzboden geradezu triefte. Hätte man das Holz nicht gehört unter den Pantinen des alten Grogg, man hätte meinen können, man stehe auf Schlick.

Grogg redete nicht viel. Seine Velos sollten gelten, nichts anderes, das sahen seine Jünger auch so, und das war zu prüfen, wenn einer wieder von einer Probefahrt zurückkam und die Klammern öffnete. – Während die Velöler herumhockten und neue Felgen herumreichten, hantierte Grogg stumm an seinem Gestell, den anderen seinen breiten Rücken mit der schwarzen Latzhose zugewandt. Er knurrte nur ab und zu eine träfe Bemerkung nach hinten, seiner Brissago Blauband abgetrotzt. – Es genügte, dass er die neuesten Fahrrad-Kataloge hatte und abends möglichst lange offen hielt.

War es beim Grogg schwarz, so war es beim Pölsterli weiss. Und es roch ganz eigenartig; jeder Luftzug konnte diesen speziellen Geruch vertreiben. Gott sei Dank! Wir hassten nichts mehr, als wenn er am Ende die verbeulte Spritze nahm und mit Schwung um den ganzen Kopf fahrend den klebrigen Saft verspritzte. Er brannte in den Augen, und man hatte ihn im Mund, aber etwas zu sagen hätte man sich nicht getraut auf dem Hochsitz vor den Männern des hohen Rats im Spiegel. Am Dorfbrunnen wusch man sich den Lack gleich an der Röhre herunter, schüttelte sich wie ein Hund und trottete nach Hause mit einem Haarschnitt, der landesweit als »Kafibeckeli« bekannt war; das heisst, man hätte geradesogut eine weiss oder rot getupfte Milchschüssel nehmen, sie über den Kinderkopf stülpen und die darunter hervorguckenden Haare abschneiden können, es hätte nicht schlimmer ausgesehen.

Bevor der Coupe Hardi kam, der oben etwas nach hinten gebogene Bürstenschnitt, war Frisur gar kein Thema unter uns Buben. Man wurde von Mutter auch nur zum Pölsterli geschickt, wenn während des Heuets keine Zeit war für Vaters Haarschere – ein Modell, das wie der Bohrer des Schulzahnarztes jedem Kind von damals in bleibender Erinnerung ist. Diese Haarzange muss neben der Röstiraffel das meistverkaufte Gerät des Landes gewesen sein – es riss die Haare mehr aus, als dass es sie schnitt. Wir sassen mit einem Abtrockentuch um die Schultern auf einem Taburettli und wurden ständig geheissen, stillzusitzen – was wir auch gerne getan hätten, wenn das Zwacken und Reissen dieser Zange nicht gewesen wäre, die nicht zu schleifen war und in der Feuchte des Badezimmers schon bedenklich Rost angesetzt hatte, weshalb ihre kammartigen Zähne nach einem halben Jahr kaum mehr zu bewegen waren. – Ursache und Wirkung wurden einmal mehr zugunsten der Erwachsenen vertauscht, aber das kannten wir ja.

Der Pölsterli tat seinen Dienst, den man später einen sozialen nennen würde, bis der grosse Kreisel auf den Dorfplatz kam und seine Bude weichen musste, der Kiesplatz sowieso. Und ich könnte mir die Haare mittlerweile leicht selbst schneiden mit dem elektrischen Nachfolgemodell der rostigen Haarkluppe: auf die dritte Stufe stellen und überall drüber. Das geht bestens und dauert nicht länger als zehn Minuten

Aber einmal im Monat muss ich trotzdem zum Herrencoiffeur an der Ecke und in den Spiegel schauen, ob ich noch da bin. Vielleicht war es das: bei Grogg und Matioli fehlte der Spiegel, in der Kirche ohnehin.

Denn da sitzt man plötzlich vor sich selbst, dem grössten Rätsel des Universums. Man wollte es schon immer einmal lösen, wenn Zeit wäre, aber allein? Setzt sich einer allein eine halbe Stunde vor den Spiegel, in dem die Zeit rückwärts läuft, ohne selbst etwas zu richten da und dort? Schon ein paar Sekunden genügen und sind manchmal kaum auszuhalten: vor sich der Absturz von gestern, die grauen Haare unter der Tönung, um den Mund der bittere Zug. Kein Wunder sind Coiffeure so beflissen, uns von diesem brutalen Bild der Wahrheit auf jede Weise abzulenken, je älter, je mehr – denn der Maestro will, dass man wiederkommt, und die Erwachsenen wollten immer wieder zum Pölsterli, das war offensichtlich; ja, sie wären am liebsten geblieben.

Nur wir Kinder, wie gesagt, hätten damals auf jede Form des Haareschneidens gerne verzichten können. Wozu in den Spiegel schauen, das Rätsel waren mit Sicherheit die Erwachsenen hinten an der Wand. Vielleicht kam darum dann die Zeit der langen Haare. Und die Fransen, kaum dass man flügge war.

Der Pölsterli hätte es jedenfalls nicht verstanden, so wie ich aussah mit Haaren und Fransen ein paar Jahre später.

*

Metzgete

An der Kasse fiel er um wie ein Brett, das gefrorene Poulet schlitterte, sich auf dem Boden um sich selbst drehend, bis zum Nähwaren-Gestell hinüber. Sein Hut, unter dem er es hatte vorbeischmuggeln wollen, rollte etwas weniger weit. Man war sich Selbstbedienung noch nicht gewöhnt – der alte Seeger nahm es jedoch wörtlich.

Fleisch war ein Hauptthema im Dorf gewesen, durch alle Zeiten. Und es steckte den Badersdorfern noch zu sehr in den Knochen, um dem Seeger nicht augenblicklich zu verzeihen. Jedenfalls dachte niemand daran, den Polizisten zu rufen, schon gar nicht am Eröffnungstag der neuen Ladenkette auf dem Gelände der alten Sägerei. Wie sollte man auch widerstehen können vor den gefrorenen Fleischhaufen, zum beliebigen Zugreifen dargeboten. War das Volk solcherweise je versucht worden?

Als sein gefrorenes Gehirn wieder zu sich kam, umringt von zahlreichen über ihn gebeugten Badersdorfer Gesichtern, die ihn unzweifelhaft darüber belehrten, dass er noch nicht im Himmel war, nahm er seinen Hut und ging fluchend nach Hause. Er habe nicht um Hilfe gebeten!

Auch Ladenketten mussten sich an ihre Kunden erst gewöhnen. Auf die ersten Ladenbusse, die nun Bananen ins hinterste Bergdorf brachten, wurde mit Karabinern geschossen; es sollten keine Städter kommen, um die Preise des Dorfladens zu unterbieten. Es gab noch Stadt und Land. Zum letzten Mal.

Zuerst kamen die Ampeln. Der alte Seeger hauste in einem leerstehenden Bauernhaus der ärmeren Art, das der ersten Erweiterung der Kreuzung im Zentrum von Badersdorf weichen musste. Er liess niemanden ins Haus,

Händel wurden an der halbgeöffneten Tür abgewickelt. Aus dem dunklen Hausgang roch es wie aus dem Schlund eines Krokodils. Man brachte ihm die streunenden Hunde und herrenlosen Katzen, die er schlachtete und in den Kamin hängte oder in Wein legte. Ob Kaninchen oder Katze, man merke keinen Unterschied, behauptete er. Katzen hätten auch nicht weniger Knochen, und in Indochina brieten sie Hunde auf der Strasse, wie bei uns die Servelas. Fehlte plötzlich eine Katze in Badersdorf, wollte niemand dreimal raten, auch wenn sie später mit vier Jungen unter einer Scheune hervorgekrochen kam und Weibchen ohnehin ungeniessbar sind. Selbst Männchen muss man drei Tage in den Schnee legen, damit sie die Strenge verlieren, erst recht im Februar. Es hiess auch, er esse Hundefutter aus der Dose, weil er denke, es sei Hund statt für den Hund. Jedenfalls kaufte er später an der Ladenkasse Hundefutter, ohne je einen Hund länger als eine halbe Stunde besessen zu haben.

Hauptsache Fleisch! Wer weiss noch, welchen Wert Fleisch besass, als es noch keines gab – allenfalls am Sonntag ein paar Rädchen einer Wurst oder ein Stück Speck in der Suppe? Wer weiss noch, was Brot bedeutete, das Grossmutter ans Herz presste und waagerecht Scheibe für Scheibe zuteilte? Noch meinem Vater wurde zu Zeiten des Ersten Weltkriegs ein Stoffsäckchen mit harten Brotrinden um den Hals gehängt, damit er, wenn schon nichts zu essen, so doch etwas zu lutschen hatte.

Die ersten tropfenden Hähnchen an der sich drehenden Stange im orangen Licht am Ausgang des Konsums, wie man der neuen Ladenkette noch lange sagte, waren jedenfalls wie Weihnachten das ganze Jahr lang. Und zu diesem Preis! Das konnte nur die Hühnerfarm in Angersdorf! Und nicht anders als in der Lehrwerkstatt oder beim Militär – die Botengänge landen und bleiben beim

Jüngsten: Man schickte also einmal mehr den Krähenexpress, um eines dieser kostbaren Stücke auf den Tisch zu holen, jeweils am Samstag auf Mittag. Und da sassen sie alle schon um den Tisch herum, als ich schnaufend mit der goldenen Folie ankam, die der Vater auf einer Platte sogleich aufschnitt und über dem Kartoffelstock austropfen liess.

Das Poulet am Samstag bedeutete die Wende. Von da an war es vorbei mit den zähen Suppenhühnern. Man verscharrte sie fortan, wenn der Fuchs sie nicht schon vorher aus dem Brombeergestrüpp geholt hatte.

Was das Fleisch betraf, so waren die Bauern natürlich besser dran als die Arbeiter der Spinnereien, deren Kinder froh sein konnten, wenn sie überhaupt je welches zu Gesicht bekamen. Aber es kam stossweise an, wie bei den alten Jägersippen.

Bei uns Bauern hing es von der Völle ab. Kam der Viehdoktor zu spät, um die Kuh anzustechen, weil sie wegen der gefährlichen Gase des schlecht verdauten Grases zu platzen drohte, so fiel meist mitten im Sommer ein Haufen Fleisch an, der sofort verteilt und gegessen werden musste. In den Rauch hängen konnte man es nicht, man hätte ja heizen müssen; in der Salzlauge wäre es auch bald verkommen bei der Hitze. Gemeinschafts-Kühlfächer, wie sie in den Dörfern später schnell aufkamen und wieder verschwanden, als sich jeder Haushalt seine eigene Truhe leisten konnte, gab es noch nicht. Die Kuh wurde also mit einer Habegger-Winde an einem Bein auf einen Anhänger gezogen und ins Feuerwehrdepot gebracht, wo sie der Metzger nach Anzahl Viehhalter und Kühe zerteilte und in Zeitungspapier einwickelte. Dann gab es Siedfleisch bis zum Umfallen, weil viel Besseres aus zähem Kuhfleisch nicht zu machen war.

Wenn Anfang Dezember der Störmetzger kam, war

man vorbereitet. Schon am Vorabend wurden Zuber und Kessel bereitgestellt, um fünf Uhr früh wurde der Sudkessel im Freien angeheizt, und auch der Rauchfang war bereit. Grossvater hatte schon Wochen davor Tannäste beiseitegelegt, die den Würsten den unverwechselbaren Geschmack geben würden. Knoblauch, Salz und Gewürze standen in Schüsseln neben der Wanne, als der Metzger um sechs kam und nach einem stehend in der Küche getrunkenen Kaffee-Schnaps die Sau an Ohren und Schwanz aus dem dunklen Verschlag zerrte und gleich mit dem Bolzengerät in den Schnee legte. Keine Spur von Panik, auch wenn mehrere Schweine getötet wurden. Sie leckten das Blut vom Vorgänger, während sie selber abgebolzt wurden. Erst wenn beim Transport der Boden wakkelte wie bei einem Erdbeben, oder wenn man ihre Rangordnung durcheinanderbrachte, wie es geschah, wenn man Schweine von mehreren Bauern auf einen Lastwagen sperrte, kamen sie in Rage. Die Angst heisst Verlorensein, nicht Tod, offenbar auch bei Tieren. Die Sicherheit heisst demnach Hierarchie – im Schweinestall wie auch bei den Schweineessern.

Und wieder einmal wurde die Hierarchie auf dem Hof bei der Schlachtplatte gleich zu Mittag vorgeführt, als die dampfenden Innereien und das Hirn auf der grossen Platte lagen. Ob man vom Hirn gescheit wird, wie der Grossvater behauptete, und warum die spanischen Nierli, also die Hoden, und das Schwänzchen nur für Burschen gesund seien – allenfalls noch für alte Burschen – : Es gab Stoff genug, um einmal mehr Wiibervolch und Männervolch vorzuführen, wie Grossvaters Regime auszusehen hatte, solange er noch am Tisch sass.

Wenn Schnee lag, hätte man meinen können, es habe eine Schlacht um unser Haus getobt. Dabei war man sorgfältigst bedacht, jeden Tropfen Blut in den gewaschenen

Därmen aufzufangen und in Blutwürste zu verwandeln, die allenfalls auch schon auf Mittag fertig wurden. Aber Blut, Kot und Urin mischten sich mit dem Wasser der Schabwanne, es tropfte von den Haken in den Schnee, blutige Schweizerkreuzchen wurden von den Stiefelsohlen ums Haus gestempelt – nicht auszudenken, wie das Schlachtfeld im Winter ausgesehen haben musste, als sich die Russen und Franzosen auf unseren Äckern abschlachteten. Wir Buben kämpften bloss mit aufgeblasenen Schweinsblasen, die jedoch erst richtig knallten, wenn sie trocken waren. Dabei tat es kein bisschen weh, man konnte dreinhauen, wie man wollte. Wir banden sie mit Schnüren an Stecken und jagten uns ums Haus, dass es eine Freude war. Vor allem Mädchenverdreschen am Schulsylvester oder an der Fasnacht war der Höhepunkt der Annäherung in den Jahren, als man sich gegenseitig nicht riechen konnte. Wir hockten den Mädchen von hinten auf, klemmten sie zwischen die Beine und hieben mit der Blase auf ihre Köpfe, dass man hätte meinen können, wir schlügen sie zu Tode. So laut es dabei auch knallte – es war vor allem die mit feinen Äderchen durchzogene mondfarbene Blasenhaut, welche die Mädchen nicht ums Gesicht haben wollten. Sich ekelnd, wanden sie sich zwischen unseren Beinen. Leider platzten sie bald, die Blasen, wenn sie zu trocken waren. Deshalb verlief kein Gang durchs Dorf am Metzger vorbei, ohne ihn um Blasen zu fragen oder um die ebenso begehrten Tieraugen. Die Anatomie wird wissen, warum man Augen nicht zertreten kann; mir ist es ein Rätsel, so wie wir draufstampften mitten auf der Kreuzung, dass sie wegflogen über Gärten und Dächer; weiter, als man werfen konnte.

Für eine Metzgete in Oberstalden oder Zwillisdorf konnte man als Angehöriger des Turnvereins am Freitagabend nicht schnell genug geduscht haben; dann jung und alt zu sechst hinein in die Opel und weg zu den Nierli, die nicht spanisch oder französisch genug sein konnten. »Wild auf Wild« versprach das Vereinsblatt schon in der Sommerausgabe, mit oder ohne Damen. Lieber ohne. Lieber nachher noch zu einer Vrene oder Margrith zum Kaffee um Mitternacht – allenfalls nicht älter als die eigene Tochter –, die man mit Kieselsteinen aus dem Bett ans Fenster holte und beschwatzte, bis sie auftat und merkte, dass noch zehn andere hinter der Holzbeige gestanden hatten.

Wir fuhren für Lyonerwürste bis ins Elsass hinüber und für Chümmi-Kutteln bis nach Wollerswil. Hauptsache ein Grund, mit dem Duschen vorwärtszumachen. Man musste auch deshalb früh dort sein, weil in den protestantischen Gegenden die Polizeistunde drohte, kaum dass man aufgegessen hatte. Deshalb schätzte man besonders die Enklaven des katholischen Nachbarkantons, meist Klosterbetriebe mit eigener Metzgerei, die von den protestantischen Streifenwagen des Hauptortes nicht angefahren werden durften, was den auffallend vielen Wirten dort sehr entgegenkam.

Welchem gibt sie zu erkennen, dass er zurückkommen möge, die Vrene? Aber zuerst müssen sie jetzt wirklich die Treppe hinab, und zwar alle. Sie hatten ihren Kaffee-Schnaps gehabt und die steinharten Willisauer Ringli eingetaucht, sie allenfalls einander an den Kopf geworfen, kichernd wie Schulbuben. Der Auserwählte, den sie beim Einschenken eindeutig gestreift hatte, würde zu Hause auf sein Moped steigen und zurückreiten, seinen Stein werfen und flugs eingelassen werden durch die halboffene Tür: tatsächlich, Vrene wortlos im Türspalt im Pyjama. – In der Stadt wäre nichts zu verlieren gewesen, weder Ruf noch Zimmer. In Badersdorf würde es jedoch einmal mehr zu reden geben, denn schon beim zweiten Mal würde es aufgefallen sein, das Moped am hinteren Zaun. Über Badersdorf sagte Grossmutter einmal, ihr wäre es lieber, der Johannes läge woanders, wo nicht jeder zähle, wie oft und wie lange man am Grab stehe…

Aber Geschnorr hin oder her. Hat es was, auch wenn es die Eltern sagen, die Lehrer? Oder doch zurück zu Vrene an die Brust, die erste nach Mutter, diese kühlen Brüste unter dem Pyjama, und wie sie sich windet zwischen den Beinen? Sich diesem Sog überlassen unter der Decke, der die Hände führt, als wüssten sie schon lange… Wenn es doch sein will – oder soll man es nicht? Zumindest nicht vor der Ehe? Was ist Hurerey? Was ist Liebe? Will sie es von jedem und nimmt nur den dummen Letzten vor dem Kind? Von wem ist der Rotschopf, der ins Nachbarhaus hereingeschneit kam und an den Tischen zu reden gab? Vierfärber können nur Weibchen sein, aber mehrere Kater können Vater werden. Pöstler gibt es nur einen. Will der Hahnrei nicht wissen, was alle wissen, oder weiss er, was alle nicht wissen?

Ich wusste noch nichts. Und was ich Neues wusste, war von ihr. Und damit auch von den anderen, die sie einliess, meine erste Lehrerin. Warum verteufeln sie stets die Übertretung und profitieren danklos von der Erfahrung? Kann sie des Teufels sein, die Hurerey, wenn sie doch etwas lehrt? Gott will Kinder, nicht Liebeskunst, das stand auf jedem Zeltlipapier: Kindlein im Mai, Liebe vorbei. – Aber aus einem verklemmten Arsch fährt kein fröhlicher Furz. Der Weiber zweier, der Woche gebühr, schadet weder ihr noch dir und macht aufs Jahr hundertundvier. Hundertundvier! – Wenn schon Zwingli und Luther nicht einig wurden, weil der eine Fleisch meinte, der andere Geist?!

Verliebt war ich jedenfalls nicht, wie ich später mit Sicherheit sagen konnte, als ich auch das kannte. Und Liebe war es schon gar nicht, erst recht nicht Freundschaft. – Was in Badersdorf niemanden davon abhielt, von Verlobung zu reden. Dass es sie zueinanderzieht, die zwei, immer wieder, wie man ja sieht, genügt, und gesund sind sie auch. Nur kein »Unehrliches«! Der Rest wird sich geben, und es soll ihnen auch nicht besser ergehen!

Halt es aus oder schau weg, aber los kommst du nicht, auch wenn sie dich einsperren, vom Tatort weg, an den du halt später zurückkehrst, wie die verscheuchte Wespe ans Glas. Lauf weg, und du kommst zurück. Sie ist schön. Sie riecht süss. Ich will hinsehen. Sie will heiraten. Du bist jung und dumm. Ich bin schön und will mehr. Sie ist jung und dumm. Früh gefreit, spät bereut. Ich kann allem widerstehen, nur nicht der Versuchung. Werfen Sie die »Füürsteine« nicht auf die Strasse, Kinder vergessen alles für ein Bonbon. Süsses Kind, komm' geschwind.

Kommst du wieder am Freitag?

Geh weg, sagt der Vater, Badersdorf ist nicht die Welt!

*

Claudia

Ich ging weg. Das Kind kam später. Nicht von einer Vrene. Ein uneheliches, aber keineswegs unehrliches. Das war nicht mehr Badersdorf und eine andere Geschichte, die vieles verändern sollte, wenn auch lange nicht mich selbst. Es war nicht so, dass die Einsicht stärker gewesen wäre als Vrenes Brust. Es war bloss eine andere Brust, und es kam entschieden noch etwas dazu.

Sie hiess Claudia – die erste, die vorerst mehr war als Fleisch und Brot allein. Sie wohnte in der Stadt.

Sie hiess Brandenberger mit Nachnamen – die in mein junges Leben hineinpassen wollte wie das verflixte letzte Puzzlestück, das immer fehlt, weil es vom letzten Mal unter einer Kommode liegt. Und wenn man es endlich gefunden hat nach Jahren, dann fehlt das Spiel.

Wir sassen im gleichen Kurs: »Fotos entwickeln für jedermann« im neuen Shopping-Center von Badersdorf, das über den Färberteichen und unserer Streuwiese zu stehen kam, die von der Autobahn ein paar Jahre zuvor praktisch unerreichbar vom Hof abgeschnitten worden war. Und ins »Center«, wie man bald sagte, kamen auch Leute aus der Stadt, wenn man überhaupt noch einen Unterschied machen wollte.

Wir standen im Dunkeln um den Vergrösserungsapparat herum, Schulter an Schulter, unsere Köpfe der Schale zugeneigt, in der unsere bevorzugten Bilder, die fortan die Erinnerung bevölkern würden, langsam das Licht der Welt erblickten.

Du sollst dir kein Bildnis machen! Aber ein Blick in die Runde hatte genügt, als ich ins Theoriezimmer zur ersten Stunde eintrat: Sie war es! Sie sass unter einem Dutzend erwartungsvoller Fotoamateure in der dritten

Reihe ganz links. Sie war es. Das war klar, noch bevor ich mich setzte.

Sie war es also, für das sich alles Bisherige gelohnt hatte, weil jetzt jede Frage auf einen Schlag gelöst war. So musste man zu Jesus finden! Ich habe dich bei deinem Namen gerufen – wer hört das nicht gerne! Wer will nicht gemeint sein! Sie würde es jetzt richten, meine Last auf sich nehmen. Halleluja! Jede verpasste Gelegenheit war dafür gut gewesen, um den Raum nicht zu verstellen, den sie nun füllen sollte. Jede Sünde war nur begangen worden, um jetzt umkehren zu dürfen. Alles war nur Vorbereitung gewesen. Das Warten hatte sich gelohnt.

Sie hatte allerdings noch keine Ahnung von alldem, als sie so dasass, den leeren Block vor sich, mit dem Kugelschreiber spielend. Ich war für sie offensichtlich bloss ein Teilnehmer wie jeder andere auch, welche zum Teil noch in Mänteln im hell erleuchteten Seminarraum sassen und den Zauberer erwarteten, der uns »Entwickeln« beibringen sollte.

Woher nehmen die vom Blitz der Verliebtheit Geschlagenen die Frechheit zu glauben, ihre Auserwählte müsse selbstverständlich ebenfalls sofort vom Ernst der Lage betroffen sein? Man kann geradesogut einem Spiegel vorwerfen, er zeige keine Emotionen. Oder hatte sie doch hergeschaut, etwas länger als angebracht, als ich hereinkam? Denn wie Teilnehmer in einer ersten Stunde eben so sind, sie schauen teilnahmslos in alle Richtungen, zupfen an ihrer Garderobe und tun so, als taxierten sie nicht in Sekundenschnelle gnadenlos jeden neu Eintretenden bis auf die Unterhosen. Mit diesen Idioten wird man also zehn Stunden zu verbringen haben. Und wie kommt es nur jedes Mal, dass man am Ende mit ihnen angetan beim Fondue sitzt, eingeladen zum Abschiedsabend in eine Wohndiele im Grüene und sich sagen hört, wie schnell doch zehn Lektionen vorbeigehen können. Dabei könnten es jetzt geradesogut ein Dutzend andere Teilnehmer sein, der Parallelkurs zum Beispiel. Könnte Claudia auch eine andere sein? Niemals! Das war es ja! Würde man sich sonst vor lauter Liebe sogar umbringen wollen wie dieser Werther aus dem Reclam-Büchlein? Oder den anderen umbringen, wie dieser Othello seine Desdemona, wenn es auch irgendeine andere sein könnte?

Sie oder keine!

Claudia sass weder kindlich erwartungsvoll noch geringschätzend da – so war sie, die Claudia. Ich würde sie bei der ersten Gelegenheit und fortan in Schutz zu nehmen haben. Claudia wollte doch nur Entwickeln lernen, nicht quatschen mit jedem Trottel. Ich würde ihr helfen, sie abzudrängen, diese gestressten Herren in ihren beigen Regenmänteln und abgeschabten Mappen, die sie zwischen die Füsse klemmen, als enthielten sie Unersetzliches. Man kann Filme zum Entwickeln auch einschicken.

Claudia war anders. Sie wollte Kunst. Sie wollte Entwickeln lernen, nicht Fondue essen und »Humor mitbringen« und rundum Idioten küssen, weil sie in der gelben Masse absichtlich einen Brocken haben stecken lassen. Womöglich noch Pfänderspiele nach all dem Kirsch!

Claudia war unter uns, weil sie so arglos war und bescheiden. Sie war sich nicht zu schade, um zehn Abende mit uns zu verbringen. Aber Engel sind auch nur Engel. Weiss der alte Herr da oben denn, was ein so zartes Wesen an einem Ort wie diesem erwartet? Da war ich der Richtige! Nur schade, dass ich drei Reihen hinter ihr zu sitzen kam, immerhin schräg versetzt, so dass ich ihr feines Profil mustern konnte, ohne den Kopf drehen zu müssen und in Verdacht zu geraten, hinzustarren. Sie sollte sich nicht umdrehen, weil sie das unangenehme Gefühl hatte, angestarrt zu werden. Das gab Maluspunkte schon im voraus und würde erst mühsam wettgemacht werden müssen mit absichtlichem Ignorieren und Nicht-Ansprechen – jedenfalls nicht in der ersten Stunde, auch wenn man nebeneinander stand an der Schale und nichts lieber täte, als sie in die Arme zu nehmen – zumal in einem Darkroom mit rotem Tangolicht.

Es musste unabsichtlicher geschehen, gerade in dieser schwülen Höhle, wo es nach Schwefel roch wie in der Hölle. Sie war ja so zerbrechlich! Und so aufmerksam, wie sie vorgebeugt auf das Wunder der Werdung einer Pfingstrose wartete, die eine Teilnehmerin fotografiert hatte. Negative mitbringen, hatte auf dem Formular gestanden. Was würde wohl Claudias Negativ verraten? Sollte ich gleich meins vorstrecken nach dieser langweiligen Pfingstrose, die immer noch etwas zu hell oder zu dunkel sein wollte? Meine Aufnahmen von Jimmy Hendrix auf der Bühne des Hallenstadions aus drei Metern Distanz? Oder von den Pink Floyd am Open Air in Karlsruhe, Gegenlicht, Blende voll offen? Wir spielen übrigens nächsten Samstag im Gemeinschaftszentrum Hardrock… Nein, zu plump!

Oder doch lieber die Toreros aus Sevilla, aus der Schattenkurve aufgenommen? Das würde ihr Gelegenheit geben, mich anzusprechen; es musste sie doch neugierig machen, was ich da unten alles getrieben hatte. Dann Flamenco-Gitarre, und gleich nach dem Fondue Flamenco. Ich könnte ihr Unterricht geben. Kostenlos natürlich. Ehrensache unter Fotografen und Flamenco-Gitarristen. Rockgitarre wird sie wohl nicht lernen wollen. Und nichts von Badersdorf erzählen. Vielleicht auch die Pfosten am Markusplatz mit den zerfliessenden Schatten? Venedig – man weiss nie, auf welcher Seite des Canale Grande man gerade ist, aber ich habe meinen Trick, Baby, mit mir wärst du nicht verloren. Mykonos, weisst du, ist noch schlimmer: Statt einer Stadtmauer bauten sie ein Labyrinth aus Häusern, um die Angreifer im Inneren zu vernichten – verwirrt, wie sie waren, in den engen Gassen, in denen sich nur ein Krieger aufs Mal bewegen kann – eine Anlage, die nur Frauen ersinnen können. Ihre Männer waren ja auf See und mit anderen Anlagen und Frauen beschäftigt.

Oder war alles, so oder so, schon zu dick aufgetragen? Sollte ich nicht besser abwarten, bis ihr Bild aus der Schale auftauchte? – Du hast einen Hund? – Lieber nicht! Frauen mit Hunden kann man gleich vergessen! Aber ihren Hund würde ich tätscheln, notgedrungen, um ihn bei der ersten Gelegenheit in den Nebenraum zu sperren. Was sollen Hunde, die keine Hundehütte haben, sagte Grossvater immer. – Claudia hatte einen Hund, damit ihr der Abwart nicht zu nahe trat, so wie sie aussah. Und irgendwie hatte sie die Zeit bis jetzt auch ohne mich über die Runden bringen müssen. Ich weiss, was sie will und nicht will. – Zehn Stunden sind genug, um es ihr zu beweisen.

Quatsch. Entweder sie will oder sie will nicht, egal, wie du es anstellst. Also besser gleich rangehen. Vielleicht liebt sie die forsche Tour. Noch bevor ein anderer sich hinter sie stellt und seinen Kopf über ihre Schulter beugt, jetzt, wo wir Ausschnitte üben sollen mit der Maske.

Wer sich auffallend oft hinter sie stellt, ist der Kursleiter mit seinem roten Halstuch, das er wohl noch im Bett trägt, dieser Schleimer. Aber Claudia ist sich zu fein für diese primitivste aller Varianten. Was hat sie zu erwarten von einem Fotografen, der schon in der ersten Stunde seine eigenen Dias als Beispiele verwendet, wie ein gut entwickeltes Portrait auszusehen hat – ein halbnacktes Modell, das Kinn in die Hand abgestützt, Blick in die Ferne, etwas Vaseline auf die Linse, grossartig! Dabei geht es ums Entwickeln, um nichts anderes: Wie schiebt man im Dunkeln ein Negativ in die Büchse, was ist mit Wedeln zu dämpfen, mit einem harten Papier zu retten – dafür hat man einbezahlt, auch Claudia muss rechnen, tapfer, wie sie einteilt und alles selbst verdient bis hin zur Hundeleine. Es wird wohl nicht lange dauern, bis er sie fragt, ob sie ihm als Modell... Das könnte ich besser und ohne Vaseline.

Ob es jemals soweit kommen wird? Vorerst aber ein Königreich für einen Arm um ihre freche Lederjacke, aus deren Kragen sie alle Augenblicke ihr blondes Haar befreit. Da drüben steht der Sinn meines künftigen Lebens, in weisser Bluse, satten Jeans und mit einer viel tieferen Stimme, als man es vermuten würde. Wie bringe ich eine Frau dazu, sie heimzufahren, die selbst ein Auto hat, womöglich einen Cooper S, vom lieben Papa geschenkt auf den Achtzehnten. Er ist wohl Architekt oder Anwalt, sie wird Ansprüche haben. Aber meine Matura, ist sie erst einmal bestanden, dürfte hoffen lassen. Hat sie schon ihre eigene Wohnung und wird das Ihre denken, dass ich noch bei Mama und Papa lebe, allerdings nicht mehr lange? Der zweite Bildungsweg dauert eben länger.

Das nächste Mal werde ich mit dem Motorrad kommen, statt mit dem Bus, den zweiten Helm zufällig dabei – soll sie nur etwas eifersüchtig werden, wer den sonst noch tragen könnte! Ein kleiner Ausflug hinterher auf die Lärchenegg. Und die Apfelblüte jetzt im Mondlicht. Gibt es etwas Wunderbareres als diese vor Weiss knisternden Bräute, vom Mond beschienen im ersten saftigen Gras, aus dem die letzten Maikäfer in die nicht enden wollende Halbdämmerung am Waldesrand aufsteigen? Wie fotografiert man das? Vermutlich am Tag mit Filter. Aber den Leiter frage ich nicht.

Es dürfte wohl nicht zu spät werden, nein, gestrichen! Models müssen ausgeschlafen sein. Ihr Vater will bestimmt, dass sie sich an ihren Ausbildungskosten zumindest mitbeteiligt. Schau dir den Alten an, dann weisst du, was du zu tun hast, um sie rumzukriegen. Das hatte der Bruno im Unterdorf wohl getan, und jetzt hatte er sie am Hals, seine Alte, wie er sagte, und war doch erst dreiundzwanzig. Nein, danke! Aber Motorrad war nicht schlecht, so oder so. Ich würde sie zumindest überholen können mit meinen fünfhundert Kubik beim Heimfahren – rein zufällig vor ihr herfahren in meiner neuen Bomberjacke und mit dem flatternden Halstuch. Und am Rotlicht beim Bahnhof...

Ich würde noch etwas mehr Raum lassen, vor allem rechts, der Ausschnitt ist ziemlich knapp, dein Bild mag es vertragen, wo hast du es aufgenommen? Saugut! Allerdings: Hier würde ich wedeln oder etwas kürzer entwikkeln. – Würde sie es mögen? Immerhin stand ich schon hinter ihr, das Kinn erlaubterweise knapp an ihrem Haar. Aber konnte mein künftiges Glück, das jetzt noch bares Hoffen und Leiden war, von solchem Geschnorre abhangen? In einer Sekunde ist doch schon entschieden, ob zwei sich riechen können oder nicht, man kann sich das Gerede sparen. Alles eine olfaktorische Frage. Also möglichst in ihre Nähe gehen. Dass ich sie riechen wollte, war keine Frage, aus der Nähe erst recht. Aber hier im Dunkeln riechen alle gleich. Hier riecht es nach Fixierbad und verbratenem Papier, nichts anderem. Wie riecht Claudia tatsächlich aus ihrem Kragen in ihrem Hausgang? Was aber, wenn sie abgeholt wird von ihrem langjährigen Freund, mit einer Zwölfhunderter? Mein Leben in der Hand eines Unbekannten mit einer Zwölfhunderter! Wer hätte das gedacht, noch vor einer Stunde. Wie kann er ermessen, was er mir vorenthält? Er spielt mit dem Schlüssel meines Lebens wie ein Kind mit dem Feuer. Dann hilft nur noch, sich philosophisch zu geben: Galgenhumor, mit trockenem Mund. Die es am wenigsten kennen, reden am meisten davon, das ist bekannt: Gymnasiasten von Lebensentwürfen, Theologen von Gott... Aber reden bindet immerhin. Ich muss nur Zeit gewinnen! Gewohnheit schafft Heimat, ja, ist nichts anderes, und Frauen schätzen ein Nest. Aber wie zum Singen kommen, noch vor dem Fondue-Höck, für den sie sich am Ende entschuldigt, aber es war toll mit euch allen, nur heute abend geht es leider nicht?

Dabei hatte sie sich nicht einmal meinen Namen gemerkt, wie sich zeigte, obwohl wir uns doch alle vorgestellt hatten.

Die Ernüchterung war abzusehen. Überhaupt glaubte ich, dem Herkommen verpflichtet, noch Jahrzehnte später, etwas tun zu müssen, auch wo es absolut nichts zu tun gab. Das mit dem Olfaktorischen wusste ich noch lange nicht, ich glaubte es nur bei den Tieren, da war es offensichtlich für einen Bauernjungen. Ich kannte höchstens Grossvaters Leime, die er mir in guten Momenten unter die Nase strich – als hätte nicht die gesamte Werkstatt danach gerochen, wenn er gerade mal wieder die verkleckerten Büchsen aufgewärmt hatte, die man mit den Jahren vor lauter Übergelaufenem als solche gar nicht mehr erkennen konnte; ein einziger Leimklumpen, wie die Tropfkerzen im *Schwarzen Ring*, dem Rockerspunten im Niederdorf.

Vater übernahm diese Angewohnheit – wohl das einzige, was er von Grossvater übernommen hat, ausser jedes Gegenteil – und strich mir Benzin unter die Nase, wenn er beim Tanken war. Unser Jeep soff Benzin wie eine Kuh Wasser. Damit sind Anker geworfen fürs Leben. Man kann nicht mehr Benzin tanken, ohne an Vater zu denken, oder Leim riechen, ohne des Patriarchen liebenden Silberlöffel nahen zu sehen. Und eigentlich ist mir von Vater am meisten sein Geruch geblieben, der mir aus seinem Kleiderschrank entgegenschlug, seine verklebten Nastücher, mit denen er mir, draufspuckend, den Mund abwischte. Und an wen würde mich Claudias Geruch erinnern?

Dass auch Schwächen reizvoll sein konnten, erst recht die eines Greenhorns in Liebesdingen, mochte ich im entferntesten nicht ahnen. Dabei hätte ich leicht beobachten können: War ich denn nicht gerade, oder fast ausschliesslich, in die Schwächen dieser zarten Claudias vernarrt, damit ich mich stark fühlen konnte, Angsthase, der ich war mit meiner Fünfhunderter? Wie anders konnten sie nur an ihren langjährigen Freunden hangen, meine heftigst Auserwählten, an diesen Zweifelhaften, diesen offensichtlich Eifersüchtigen, sogar zur Weinerlichkeit neigenden bleichen Versagern. Was findet sie nur an diesem Süchtigen, dem sie sogar das Atelier bezahlt mit ihrem Angestelltenlohn. Erfolglosigkeit ist doch kein Indiz für Genie. Was findet sie nur an seinen genialischen Bildern, die schon auf den ersten Blick nichts anderes verraten als seine Selbstüberschätzung. Die meisten Künstler sind Alkoholiker, aber die wenigsten Alkoholiker sind Künstler, Claudia. Und gelänge es dir, ihn zu erlösen, du wolltest ihn nicht mehr, also kannst du gleich bei mir anfangen.

Die mich liebten, wollte ich nicht, und die ich liebte, wollten mich nicht. Reclam war nichts anderes. Von Liebe zu reden, war ohnehin vermessen bei der Heftigkeit meiner Projektionen. Es war lediglich Verliebtheit, erotisch gelenkt: Lederjacke über weisser Bluse plus Jeans oder Jeansjacke über weisser Bluse plus Lederhose war schon die Hälfte der Begeisterung fürs andere Geschlecht, ein bestimmtes Parfum fast die ganze. Es war ein Ideal, dem ich nachjagte und dem keine Frau genügen konnte. Kam es durchaus vor, dass sie aufsassen auf mein Motorrad oder einstiegen in den Army Jeep mit heruntergeklappter Windschutzscheibe und weissem Stern, so wollte es der Teufel, dass sie nicht genügen durften – denn was, wenn aus der Schwingtür des Café Odeon die Absolute hereindrehte? Dann wollte ich nicht besetzt sein mit einer Minderen. Dann sollte es mir genügen, dass ich das erreicht hatte, was ich wollte, vor allem und fast ausschliesslich im Bett. Eine Nacht reicht, das Wild ist erlegt, sie ist geschwängert, mein Duft wird ihr anhangen ihr Leben lang, wie Grossvaters Leim. Und vorläufig tschüss! Eine Telefonnummer mehr hatte ich ja für alle Fälle.

Auch sie liess sich tatsächlich nach Hause bringen. Wir sassen auch in einer Bar, an der ich noch heute nicht vorbeigehen kann, ohne an sie zu denken, wie man an alle Tatorte zurückkehrt, zumindest in Gedanken. Sie zog schliesslich den Trompeter aus der Jazzband meiner Brüder vor, einen um Jahre älteren angehenden Piloten. Ich konnte es verstehen, Greenhorn, das ich war, aber keineswegs schlucken, wie sie vor meiner Nase – im Jazzclub, den wir im Mostkeller unseres Elternhauses eingerichtet hatten – mit ihm tanzte, unter meinem Schlafzimmer sozusagen, auf unserem Hausplatz scherzend in sein Auto stieg und zu mir so unbefangen freundlich blieb. – Hatte sie denn das Geringste versprochen?

War mein Verhalten Frauen gegenüber, die ich nicht wirklich liebte, nicht jedes Mal ein Versprechen zuviel? War denn zusammen im Bett oder Schilf zu liegen, zusammen zu frühstücken, allenfalls sogar ein Wochenende in den Bergen zu verbringen, nicht jedes Mal als Eingeständnis eines weitergehenden Interesses aufzufassen?

Ich sah das gar nicht so. Der Moment sollte zählen. Da war ich fein raus. Es gefiel ihnen doch offensichtlich, mein Set an Überraschungen, das ich mit jedem Mal verfeinerte: das Sektfrühstück, die Kapern, das heisse Frottee, die

Wortspektakel aus der letzten Zusammenfassung... Kann man einander vorwerfen, was doch offensichtlich schön gewesen war für beide Seiten? Kann man dem kalten Buffet vorwerfen, dass es nicht jeden Tag zur Verfügung steht? Erinnernd mussten sie sich doch eingestehen, dass kein Register ungezogen blieb. Volles Programm, wenn auch nur ein Wochenende lang. Und über Jahre hinweg würde es auch gar nicht zu bereiten sein. Manche mögen's heiss – falsch: Alle mögen's heiss, wir haben bloss Schiss! Aber wie auch immer, auf die Länge kann es nicht heiss bleiben.

Reden war immerhin Silber, das genügte als Trick für die nächsten Jahre. Nur machten die Fische, die ich damit fing, nicht satt, so viele Leinen ich auch hinter mir herzog, und sie wurden mit jeder Ausbildung mehr. Ich lastete es dem Leben an. Die Lieder, die ich schrieb, sollten es verkünden; es musste an der Gesellschaft liegen, dass niemand wirklich satt wurde – und so unrecht hatte ich in meiner Mansarde damit nicht.

Ich war ja bereit, den Preis zu bezahlen, glaubte ich, wenn keine wollte oder konnte am Wochenende. Dann blieb ich eben allein und liess es mir gut gehen... wenn denn diese Exzesse mit mir allein nicht vielmehr purer Trotz waren. Wie dich selbst! Schliesslich das wichtigste Gebot. Der Erlöser musste sich ausgekannt haben; im Erlösen war er ein Profi: Wer es mit sich selbst aushält, hat keinen Grund, einen dauernd fordernden Partner auszuhalten. Erst recht nicht Beziehungsknatsch auszutragen bis in die Morgenstunden. Und das vor zweitausend Jahren! Claudia. Aber es liegt auf der Hand: Wer Schiss hat, allein zu reisen, muss eine Reisetruppe ertragen und vor seinem heiligsten Tempel, für den er gespart hat, warten, bis erst alle Pipi gemacht haben. Jesus musste es gekannt haben, denn er sprach wie einer, der Macht hat, heisst es, also Erfahrung. Umsonst wird er wohl nicht in die Wüste gegangen sein, und zwar allein!

Wer seine Füsse unter meinen Tisch stellt, hat zu gehorchen, war die Logik des alten Badersdorf. Das war Logik nach der Natur. Die Natur wollte aber auch, dass man nicht gehorchen wollte, sobald man in Saft kam. Deshalb ist man in der sogenannten Pubertät so unausstehlich. Tiere fackeln nicht lange und stossen ihre Jungen kurzerhand aus dem Nest, wenn sie zu quietschen anfangen. Psychologie überflüssig! Flieg selber, die Welt wird dich schon lehren, das Wichtigste hast du ja abschauen können! Das war in meinem Fall nicht abzustreiten. Es sei denn, man bringe die Hälfte des Lehrlingslohns nach Hause. Was bringt aber ein Student nach Hause, den man noch immer finanziert, ausser haarsträubend Angelesenem aus dem Büchergestell, das mit jeder Woche ums Bett wächst, ganze Meter von Bücherrücken, blaue und rote. Wo war diese Weisheit im Alltag abzulesen? Doch man war ja auch einmal jung gewesen. Darum bezahlte man ihm wohl das Bücherabonnement, dem altklugen Grünschnabel, der ich war.

Man musste einander ertragen, solange man die Schuhe nebeneinanderstellte. Und solange sie im Haus sind, die Buben, können ihre Dummheiten nicht allzu sehr ins Kraut schiessen. Wenn der Jazzclub im eigenen Mostkeller ist, fahren sie wenigstens nicht betrunken nach Hause. Besser, sie bringen die Mädchen hierher, als sie hocken bei ihnen zu Hause. Und wenn man hockt, liegt man bald. Und wenn sie anrufen, diese dummen Dinger im Minirock, die man – Recht wohl! – in diesem *Odéon* verboten hat – was kann man dafür, wenn man zufällig mithört hinter der Tür oder am zweiten Telefon. – Bei Gotthelfs war es auch nicht anders, lehrten immerhin die Bücherrücken, Jazzkeller hin oder her.

Die Claudias kamen und gingen also, zu Hause ungelitten, aber geduldet, wohl oder übel.

Aber es gärt gewaltig in den Buben. Das Schilf lockt, das Halbinselchen, das weiche Moos, das Glucksen der trägen Blasen aus dem fauligen bodenlosen Untergrund, das Schellen der Masten vom nahen Hafen von Eglisee, einem Nachbardorf, von wo aus der Fabrikbach von Badersdorf seinen Anfang nahm. Die Mücken tanzen in Schwärmen im bleiernen Himmel, Fischreiher hacken in verwesende Schwalen, die die Fischer gleich fortwerfen, nachdem sie sie totgeschlagen haben, weil sie nur Gräten haben und weil es zu viele sind. Hier kann man nackt baden, mehrfach erprobt, sich im Schlick wälzen wie die Schweine und sich trocknen lassen – Wurst im Brotteig. Musst du ausprobieren, Claudia. Leg dich zu mir, ich bin auch ein Schwein, der Wein soll ja zu Kopf steigen an der Sonne, die Wurst in den Brotteig, die glitzernden Gneisplättchen aus dem Schlick wirst du abends auf deinem Laken wiederfinden, also kann es kein Traum gewesen sein, nein, es ist kein Traum, so kann Wirklichkeit werden – deine Haut wird sich erinnern an diesen Tag, wie wir einschliefen ineinander, an der gleichgültigen Sonne, du wirst es wiederhaben wollen, das Fraglose, als gäbe es nur Mann und Frau im gleissenden Licht, egal, wer du bist und wie du heisst. Sag deinen Namen, und es ist vorbei, dreh dich nach ihr um auf dem Trottoir, und sie war nie schön gewesen. Mein Tip: Lass es genügen mit der Silhouette, ihrem Gang, ihrer Stimme am Telefon und frag nicht nach der Nummer. Vergiss es! Vergiss ihn! Vergiss sie!

Auch die Kamera fragt nicht nach der Wahrheit. Der Ausschnitt genügt, er ist immer eine Lüge. Aber er sagt mehr über das Ganze. Was ist das Ganze? Was das Fischauge fasst? 3 D? Nie weiter gefehlt, es wird künstlicher, je mehr du aufschraubst! Das ist der Zauber der Fotografie, Claudia: Der Schnappschuss fasst das Ewige, nicht das Panoramaobjektiv. Dreh dich noch etwas zur Seite und nimm den Arm von der Brust.

Als es bei mir, dem Jüngsten, auch anfing, war man des Spiels schon etwas müde. Beim Ältesten war man zur Verlobung im *Löwen* gesessen, eine rechte Familie, musste man sagen. Der Zweite redete auch schon länger von der gleichen – lass rauschen, meinte der Vater früher als die Mutter. Beim Jüngsten, der dem Dorf wohl auf sicher verloren war, hatte der Vater es von früh an vorbereitet. Wenn die Tradition des Hauses gesichert ist, müssen oder dürfen die anderen gehen. Bruderknechte, wie vormals beim Gotthelf im Emmental, waren nicht mehr gefragt, Gott sei Dank.

Aber es war nicht mehr Gotthelf-Zeit und nicht mehr Grossvaters Regime. Es gab neben »The Naked and the Dead« auch das Yoga-Buch auf der Ofenbank mit dem schönen eingeölten Inder in allen denkbaren Verrenkungen. Die Eltern waren sich nicht zu schade, die eine oder andere Übung auf dem Streifen-Teppich in der guten Stube auszuprobieren, in den jetzt Grossvaters Kaput eingewoben war. Kleider warf man noch lange nicht an die Strasse, obwohl schon *Schöner Wohnen* und *Das Pferd* auf dem Fenstersims lagen.

Es gab Hermann Hesse und die Aufregung um Henry Miller. Und man musste weiss Gott nicht studiert haben, um das alles zu begreifen; die Weisheiten der Welt standen ohnehin bald auf jedem Zuckersäckchen. Das war die Stadt! In einer halben Stunde war man da und in einer halben Stunde wieder zurück. Es war überaus angenehm.

Gleichwohl gibt es noch anderes als den *Badersdorfer Anzeiger*, und wenn jetzt Geld ins Haus kommt vom Verkauf des unteren Bungerts, kann man sich etwas von der Welt leisten, man hat genug gearbeitet. Und nicht zuletzt bringen es die »Buben« an den Tisch, die Infinitesimalrechnung, den Tangens und den Kotangens und die Bücher, die sie wörtlich nachplappern, wenn sie hungrig und mit roten Köpfen diskutierend von der Mittelschule kommen mit den beiden Wochenaufenthaltern aus der gleichen Klasse, die die leeren Knechte-Zimmer haben können.

Die Reibung mit der Stadt liess Funken sprühen, die man noch nie gesehen hatte. Es war Aufbruch in der Luft, man wollte sich auch etwas von den Freiheiten gönnen. Was die Eltern betraf, so waren es schüchterne Freiheiten, nie frei von Scham und vergeblichem Verstecken. Mussten sie doch mit jedem Tag mehr einsehen, dass es sinnlos war, uns Jünglinge zurückhalten zu wollen. Und sie wollten doch auch nicht dümmer sein als die Jugend. Sie fuhren weg, oft aus dem Stand, wenn das Wetter lockte. Die Kühe waren verkauft, man musste nicht mehr um sechs zu Hause sein. Also drei Tage ins Welschland oder ins Tessin mit offenem Verdeck, sie konnten sich sehen lassen: die Mutter mit Sonnenbrille und flatterndem Kopftuch in den Rebbergen über Montreux, der Schwenk hinüber zu den Walliser Alpen, die flammenden Lärchen des Engadins, gestochen scharf auf rötlichem Kodachrome, das milde Meran, die Insel Mainau mikro und makro, das Burgund – man hat genug gearbeitet, und im leeren Rinderstall kann sich der Jüngste seine Dunkelkammer einrichten, er war ja schon vorher stockdunkel gewesen.

Was mich betraf: Da war Hunger – und nicht nur, weil zwölf Uhr war. Claudia konnte ich lange nicht vergessen, und die Folgenden hatten zu sein wie sie. Danton sucht unter den Grisetten von Paris die Body-Doubles für sein Ideal, schrieb mein verehrter Dichter an der Spiegel-Gasse, meinem Heimweg von der besseren Schule. Später zog dort Lenin ein mit seinen Idealen – ob er die Dadaisten in Nummer 1 besucht hat, ist nicht verbürgt, aber sie mussten einander begegnet sein, das ist da gar nicht anders möglich. Und alle hatten sie nicht zu sein wie Mutter, der ich mich ausgeliefert fühlte als kleiner Ehemann an Vaters Statt. Der Mann hängt dem Weibe an und verlässt die Mutter. Entweder ist das junge Weib wie sie, oder sie hat das Gegenteil zu sein. Im Alter werden sie ohnehin alle der Mutter gleichen, die Auserwählten, aus gutem Grund, da war Oedipus auf der Direttissima.

Richtig: Das Problem sind die Väter, die Nebenbuhler. Bring sie um, und setz dich auf ihren Thron. – Einer setzte sich morgens an sein Ehebett, in dem ich mit ihr lag, erklärtermassen seiner Frau. Reden erleichtert. Ehrlichkeit bis zum Erbrechen, den Kopf auf den Ellenbogen gestützt, auf seiner Matratze, in seinem Pyjama womöglich. So war die Zeit: Ich verführe gerade deine Frau, aber ich stehe dazu. Ich muss dich leider erschiessen lassen, Genosse, aber du verstehst das bestimmt. Es war eine interessante Zeit in der konspirativen Wohnung, Herr Arbeitgeberpräsident, aber wir müssen sie jetzt opfern. Wie ist es für dich, dass ich dir gerade auf dem Fuss stehe? Wenn du darüber reden magst, ich bin zufällig da.

Paris isch Mode gsi
De Sartre und all die Lüüt
Und d Edith Piaf hät us jedem Fänschter prüelet
Nei, sie bereuhi nüüt,

tönte es aus meiner Mansarde, uneingeschränkt elektronisch verstärkt…

Unbestritten: Noch besser reden als ich konnten sie in Berlin und Paris, die Sprache schien sich selbst zu feiern: Sartre mit Flugblättern vor dem *Odéon*, Sartre beim Terroristen... Und mit der Revolte kam auch ich in die Stadt, sie landete direkt vor dem Haus, in das meine Klassiker hochgetragen wurden. Aber statt der Chiquita-Bananenschachteln Kartoffelharrassen aus Badersdorf, nur zu zweit zu tragen, noch Erde dran. Die Genossen fluchten, noch bevor ich mich an ihre Rede gewöhnt hatte. Aber es würden noch ein paar mehr werden, bis sie endgültig zu schwer wurden, die Bücherharrassen, die umgekippt gleich als Büchergestell dienten. Nachschub war genug da, die Geschichte war ja gerade dabei, neue Kapitel zu schreiben. Mein Fenster ging direkt auf das »Globus Provisorium« über dem Fluss, um das sich die Landesrevolte entzündet hatte.

Sie reiste noch lange mit, Revolte hin oder her, hartnäckig wie das Bedürfnis nach Essen und Schlaf. Claudia war das bare Ungenügen. Claudia ist überall, schnitzte ich in ein Stück Föhrenrinde, das an einem beliebigen Strassenrand lag, im sonnigen Spanien, mit süssem Osborne versöhnt, dessen Reklamestiere von den Hügeln auf mich heruntersahen, als wollten sie gleich losstürmen. Ich trug es im Tramperrucksack bis ans Ende meiner damaligen Welt. Ich trug es überall hin mit, dieses Puzzlestück aus Föhrenrinde; es blieb einfach liegen, am Boden des Seesacks von Badersdorf nach Berlin und von der WG in Paris zurück in die WG der Heimatstadt. Ich trug es in Vollversammlungen und besetzte Areale, in Bibliotheken und Kunsthallen, in Kinderkrippen und Psychogruppen.

Wo es dann von alleine aus der Tasche fiel, weiss ich nicht. Es liegt wohl noch immer am Boden eines verblichenen Seesacks auf einem beliebigen Estrich oder Brokkenhaus.

*

Nachruf

Wer stand aber hinter der Bühne des Ganzen und zog die Fäden? Wer sind unsere Paten, die uns glauben machen, unser eigenes Leben zu leben? Gibt es eine brennendere Frage als die, ob ich eigentlich ich bin oder ein Hampelmann aus der Augsburger Puppenkiste, dem einzigen Lichtblick an einem Novembersonntagnachmittag in den Korbstühlen vor dem Schwarzweiss-Fernseher?

Der Einfluss jenes Schwerthelden Adam auf dem Miststock in unserer Ahnenreihe, im etwa zwanzigsten Glied zurück, wie es in der Bibel heisst, war nicht schwer einzuschätzen. Der drei Generationen vor meiner Geburt liegende Zeitraum jedoch wollte mir lange nicht wichtig erscheinen. Was will man auch mit Rückschau zu tun haben, bevor man eigene Kinder hat und zum ersten Mal erstaunt ist, was einem da plötzlich aus dem Mund fährt im Affekt. Was wollte man auch mit Rückschau zu tun haben in den sechziger und siebziger Jahren, so frei, wie wir uns wähnten, wir Ankünder einer neuen Zeit, für die wir die Regeln gefälligst selbst entwerfen wollten.

Jenseits von Liebe – im Licht lag der Grossvater väterlicherseits, der mit seinem Silberlöffel mehr Gesetz war, als dass ich ihn wirklich gekannt hätte. Im Licht lagen die Eltern. Im Dunkeln liegt unter anderen: mein Grossvater mütterlicherseits, der mit fünfzig verschwand, als meine Mutter gerade sechzehn war. Herzinfarkt, Fuhrhaltertod.

Kleinbäuerlicher Familienbetrieb hiess: Früe of und spat nider. Bauernbetrieb mit Fuhrhalterei hiess soviel wie gar nie schlafen. Mag das einzige Foto dieses Unbekannten im offenen Kaput mit seinen Pferden an der Tränke Ruhe vermitteln. Ruhig standen nur die Pferde, die er am

Halfter hält. Noch im gleichen Jahr war er tot. Dass die Stadt ankam, ob zu schnell oder nicht, hatte auch sein Gutes: Es kam auf brutale Weise zu Lücken und frischem Blut, der eine oder die andere konnte sich herauswinden aus Zwängen, die Flucht ins Single-Loft war verständlich. Andere hängten noch mehr Geranien in die Lücken, damit alles bleibe, wie es nie gewesen war. Die einen greifen zu weit, die anderen zu kurz. Die nächste Staffel wird es auszugleichen haben. Und manchmal verlieren sie den Stab bei der Übergabe, dann ist das Rennen gelaufen.

Schlüssel kümmert es bekanntlich nicht, ob wir sie lieber im Licht oder im Dunkeln suchen, aber wir verlieren sie nun einmal eher im Dunkeln. Mutter konnte es ihrem geliebten Vater jedenfalls nie verzeihen, sie schutzlos hinterlassen zu haben. Und da mein Vater nicht nach der Art war und jemals sein konnte, um die Lücken meiner Mutter zu füllen, boten sich notgedrungen die Kinder an, meine Brüder und ich. Aber es passt eben nur der richtige Schlüssel. Söhne sind schlechte Väter und Liebhaber, Töchter sind überforderte Mütter. Mit dem Verlust, zur richtigen Zeit nicht das Richtige bekommen zu haben, geht man durchs Leben.

Im alten Badersdorfer Geflecht, das über alle Miststökke verspannt bis ins Inzestuöse verlief, wo Doppelnamen wie Fricker-Fricker oder Keller-Keller an der Tagesordnung waren und sich die Muster schon ins Genetische gesenkt – in Badersdorf wäre keiner auf die Idee gekommen, im anderen allenfalls auch einen Spiegel zu sehen. Dafür lebte man zu dicht aufeinander. Ärger und Hass regierten zu heftig in den schmalen Wohnteilen der Höfe, wo für Runkelrüben mehr Platz war als für die Meisterfamilie. Die Umstände boten keine Chance, aus den Reibungen eine Logik herauszulesen. Grossvater ist eben jähzornig, Punkt. Der Betschart pflanzt sich eben fort wie ein Karnickel, auch wenn von dreizehn Kindern zwölf Idioten sind. Der Kolb ist eben ein schlechter Mensch. Die Frau Sekundarlehrer Kern ist ein guter Mensch. Man nahm jeden, so wie er tat, nicht sprach. Und wenn im Stress das Wahre hervorbricht, kam man zumindest zur Sache: Du willst nur an mein Geld, hörte man hinter einer Kammertür. Oder: Ich kenne dich, wenn du im Toto gewinnst, gehst du zu einer Jungen! Man bekam es direkt auf den Kopf zu gesagt, falsche Nettigkeiten hatten ein kurzes Leben in den dunkeln Treppenhäusern.

Möglich, dass die Frauen zu kurz kamen in diesem Dorftableau. Oder logisch? Wie könnte ich aber der Richtige sein, um Frauen zu verstehen. Wie kommen Schreiber überhaupt dazu, aus der Sicht des anderen Geschlechts schreiben zu wollen?

Wie immer – da waren also die Frauen, die Grossmütter, die alle ihre Männer überlebten und geerdeter als diese waren, trugen jene auch die Militärschuhe, jeder ein Kilo schwer, welche ein Leben lang hielten und die sie garantiert mehr einrieben und massierten als ihre Ehefrauen. Der Urmythos zeigt es in jeder geeigneten Höhle: Frauen kreieren die Männer. Alle kommen wir aus Frauen – auch Frauen, das erklärte den Rest. Wie sollte also die Liebe unter ihnen, und jene Liebe, die auch zu beobachten war in den Badersdorfer Kammern und Mägdebetten, nicht eine ganz andere sein, als jene unter Männern. Was war schon dabei, wenn da und dort zwei Tanten zusammenwohnten, biedere Häkeldecken hin oder her, dass man nur im Doppel von ihnen sprach. Frauen haben offensichtlich mehr voneinander als Männer von Männern, die nie zur Ruhe kommen können. Man muss es ihnen nachsehen, war der Kanon der still gewordenen Grossmütter: Wenn sie keine Weiber bekommen – und von den Kasernen, wo sie keine Weiber haben, da kommt's her –, nehmen sie zur Not auch Männer, eher schlecht als recht – im Heustock hat's niemand gesehen. Zusammen wohnen jedoch, Mann mit Mann, wie Frau mit Frau, war in Badersdorf noch lange nicht denkbar. Dafür musste man in die Stadt, in die Bahnhöfe und in die Parks am See.

Man darf es den Jahren des Aufbruchs nicht ankreiden, es andersherum gesehen zu haben, und natürlich muss man von weiblich und männlich reden, statt von Frauen und Männern; es gab in Badersdorf Höfe, wo, allen bekannt, rundum die Bäuerin die Hosen anhatte. Grossvater, so sah ich rittlings vom Güllenfass herunter, redete dann mit ihr unter der Stalltür, währenddessen ihr Mann den Platz wischte oder mit Lärm auf dem Feld herumkurvte oder Schneisen ins Maisfeld fräste. Und es gab andererseits Männer, die den Hof versorgten, wie ein Fourier umsichtig für seine Kompanie. Auf einem Hof lebten gleichberechtigt zwei ledige Brüder, liebevoller gepflegt als ein Frauenkloster. Hauptsache, die Rollen sind besetzt.

Männer beraten, oder vielmehr stärken, sich unter Männern und Frauen unter Frauen, so galt es durchgehend bis in die sechziger Jahre. Dafür gab es Bezirke, wo das andere Geschlecht nichts zu suchen hatte: in Badersdorf die Waldhütte der Holzkorporation, die Milchhütte, die Rampe beim Konsum, das Dörrhäuschen, der Hinterraum beim Bäcker, wo es auch Kaffee gab, früher das Waschhaus, dann natürlich die getrennten Vereine. Und es gab die Plätze, wo sich die Jungen kennenlernen sollten, nicht anders als heute vor dem McDonalds. In Badersdorf war es anfänglich der Platz vor der Milchhütte, später das Café City. Therapie war noch unbekannt, wie gesagt, erst recht der Gedanke, zum anderen Geschlecht zu laufen, um Rat zu holen, wenn man untereinander nicht weiterkam.

Hinter allem, auch hinter meinem verschwundenen Grossvater mütterlicherseits, dem ich im selben Alter um ein Haar in derselben Weise nachgefolgt wäre – was den Dreisprung vollgemacht hätte, den schon Kinder auf der letzten Zahl betonen –, hinter allem stand die Wetikoner Grossmutter, nicht unherzlich zuweilen, aber im ganzen hart wie der Gotthard. Sie zog die Fäden, und sie zog nach seinem Tod den landwirtschaftlichen Fuhrhalterbetrieb weiter, als wäre nichts geschehen; es gibt ja noch die Töchter und den jungen Knecht aus dem Vorarlbergischen, von dem meine Mutter noch immer erzählt – aber es sei nichts gewesen, was leider wohl stimmt. Und das Dorf sollte nicht glauben, es sei vorher etwa anders gewesen, man habe vorher etwa weniger zum Betrieb beigetragen, als der Mann noch da war. Ein Herzinfarkt war doch ein Blitz aus heiterem Himmel – der Schlag hat ihn getroffen, egal, ob im Herz oder Kopf, krampfen tun alle. Jetzt krampft man einfach noch mehr, bis der Nächste umfällt, allenfalls fünfzig oder hundert Jahre später.

Was nicht heissen sollte, dass man nicht bis zum Lebensende in züchtiger Trauer stehen würde als stiller Vorwurf, ja Rache für das offenbar Vermisste, nie Erhaltene. Worüber sollte man sonst über die Massen trauern? Und einen neuen Partner, behüte, wollte man den Kindern nicht zumuten, obwohl sie schon bald ausfliegen würden und sich in der Regel nichts anderes wünschen, als dass die alleinstehende Mutter oder der Vater im Alter versorgt und damit abgelenkt wäre. Also stand man jetzt um vier statt um fünf Uhr auf – wenn man winters noch pfaden musste im Dienst des Strassenwesens, halt um drei, um den Schnee zu messen, und dann allenfalls die Pferde einzuspannen. Dann der Stall, die Zöpfe schnell gemacht und in die Schule hinunter in die Stadt, wo man erst recht nicht nach Stall riechen sollte. Denn Wetikon, Mutters

Badersdorf, lag auf dem Hügel über der Stadt, schon damals eingemeindet. Ein Bus fuhr noch nicht, also dreiviertel Stunden zu Fuss hinab und wieder hinauf.

Die fünfziger und beginnenden sechziger Jahre waren noch geprägt von den Kriegsjahren, als es an allem mangelte. Nun sollte es wieder gesittet zugehen. Dr. Sommer im *Bravo* durfte erst nach Achtundsechzig mit Aufklären beginnen, in Zürich verbot man noch das Aufstellen von Kondomautomaten! Was dann die Siebzigerjahre betrifft, so waren sie der Frühling für uns Junge – nicht nur in Prag und in Lissabon, nach fünfzig Jahren Winter, als Nelken zu blühen begannen. Sie waren liebestoll, diese Jahre, alles gelang im Flug, sie waren spektakulär und darum einfach zu deuten. Es war in vielerlei Hinsicht einfacher, zwischen den vielen bunten Blumen seinen Platz zu finden und zu definieren. Wie beschreibt man aber anderen seinen Platz auf einem weiten weissen Schneefeld? Im nachhinein gesehen war unsere Sicherheit, die Weisheit mit Löffeln gefressen zu haben, geradezu haarsträubend und manchmal kriminell.

Die Schöpfung ist eine kontinuierliche, der Urknall ein Dauerdröhnen, und Geschichte wird sich in neuen Gewändern immer wiederholen, um so mehr, als man es nicht will. Nie wieder! war schon immer der Anfang vom Schon wieder. Wer das Übernommene kennt und hinlänglich begreift, was ihn ergreift, kann etwas gelassener damit leben und wird Normen nicht mit seinem wahren Wesen verwechseln, dieser Membran zwischen Himmel und Ozean, zwischen Schwimmer- und Nichtschwimmerabteil. Der Boden, auf dem wir stehen, ist nicht das Zentrum des Universums. Wenn wir schon nie erfahren werden, wer wir wirklich sind, so können wir doch einigermassen orten, was wir nicht sind, nicht wirklich.

Die Badersdorfer versuchten einfach, unter den Bedingungen eines Ortes und einer bestimmten Zeit, mehr oder weniger das Beste daraus zu machen.

Neben Sibylle Mathis, Christina Sieg, Hannes Binder, Elisabeth Handschin, meinen besonderen Dank an Lis und Theodor Wieser für Unterstützung und Kritik.

Über den Autor

Adrian Naef, geboren 1948 in Wallisellen, lebt als freier Schriftsteller in Zürich. Schrieb und sang in Mundart, veröffentlichte Gedichte (Suhrkamp Verlag) sowie zuletzt den autobiographischen Bericht »Nachtgängers Logik. Journal einer Odyssee«.